高等院校土建专业互联网+新形态创新系列教材

建筑设计初步

郝峻弘 主 编

周凡 刘晓曦 梁飞 陈昕楠 副主编

（微课版）

清华大学出版社

北京

U0384621

内 容 简 介

本教材以建筑学、风景园林专业入门课程教学实践为主要内容，依据全国高等学校专业指导委员会制定的教育标准、培养方案及该门课程教学的基本要求而编写，系统介绍建筑的基本知识、设计绘图方法、设计形象思维、空间造型、基本设计能力等内容。全书共分10章，包括绪论、设计表达基础、建筑抄绘、色彩知识及渲染、建筑测绘、建筑模型制作、构成基础知识、空间设计入门、经典建筑及园林作品分析、小建筑及园林设计，采用专业进阶的编排顺序，重点讲解设计基础的专业技能技法，方便学生循序渐进地掌握课程内容，为学生后续的设计课程提供基本知识和设计方法。

本教材可作为建筑学、风景园林、城乡规划、环境艺术设计等建筑及室内外设计工程相关应用型本科专业教师及学生用书或教辅用书，也可作为从事建筑设计、城乡规划、园林景观设计、室内设计等技术人员及管理人员的设计参考书。

图书在版编目(CIP)数据

建筑设计初步：微课版 / 郝峻弘主编. —北京：清华大学出版社，2022.7(2024.8重印)
高等院校土建专业互联网+新形态创新系列教材
ISBN 978-7-302-61280-3

Ⅰ. ①建… Ⅱ. ①郝… Ⅲ. ①建筑设计—高等学校—教材 Ⅳ. ①TU2

中国版本图书馆CIP数据核字(2022)第122444号

责任编辑：石 伟
封面设计：杨玉兰
责任校对：周剑云
责任印制：刘海龙
出版发行：清华大学出版社
　　　　　网　　址：https://www.tup.com.cn, https://www.wqxuetang.com
　　　　　地　　址：北京清华大学学研大厦A座　　　邮　　编：100084
　　　　　社 总 机：010-83470000　　　　　　　　邮　　购：010-62786544
　　　　　投稿与读者服务：010-62776969, c-service@tup.tsinghua.edu.cn
　　　　　质量反馈：010-62772015, zhiliang@tup.tsinghua.edu.cn
　　　　　课件下载：https://www.tup.com.cn, 010-62791865
印 装 者：三河市君旺印务有限公司
经　　销：全国新华书店
开　　本：185mm×260mm　　印　　张：11.75　　字　　数：285千字
版　　次：2022年9月第1版　　　　　　　印　　次：2024年8月第3次印刷
定　　价：59.00元

产品编号：093030-01

前言

　　本书从课程教育框架到内容组织，突出开拓设计意识，并按照"应用型"人才培养目标的基本要求而编写。教材内容顺序依照各部分内容的逻辑关系，循序渐进、由浅入深，编排合理。同时考虑学校和学生的特点，在满足学分制、弹性学制基础上对教材内容进行适当的取舍，突出实训课程的教学教法，强化应用、实用技能的培养，有助于学生更好地掌握本门课程的知识、设计理论和实训技能。

　　针对专业入门课程的特点，为使学生能够综合运用所学的专业理论知识，掌握基本的设计技法，具备初步设计能力，全书重点分为"理论"和"实训"两大部分。"理论"部分重点讲解专业基础理论、阐述设计观点、分析设计实例等；"实训"部分通过实训作业的模式，使学生了解设计过程、关注设计要点，每章附有思考题和实训作业。本书通过二维码的形式链接了各章节的拓展学习资料，方便师生在课堂内外进行相应知识点的拓展学习，同时配套有"微课库"，以流媒体形式展示各个章节知识点的教学活动，方便学生自主学习。

　　本书由郝峻弘任主编，周凡、刘晓曦、梁飞、陈昕楠任副主编。编写成员具体分工为：第1章由郝峻弘编写；第2章由郝峻弘、陈昕楠编写；第3章由陈昕楠、郝峻弘编写；第4章由董婧编写；第5章由郝峻弘编写；第6章由董婧、吴怀文、周凡编写；第7章由刘晓曦、梁飞编写；第8章由郝峻弘、吴怀文编写；第9章由刘晓曦、杨艺红编写；第10章由梁飞、杨艺红、周凡编写。全书最后统稿、定稿、实训作业、补充拓展资料由郝峻弘、周凡完成。微课教学资源录制详见片头，合成工作由程轩完成。

　　本书的编写工作得到了多所院校领导和许多教师的支持与帮助，在此表示衷心的感谢。同时编者还参考和借鉴了国内同类教材和相关文献资料，在此特向有关作者致以深切的谢意，由于部分文字、图片等资料来源于多年教学课件总结，出处不详，请原著者见书后与出版社或主编联系。书中补充拓展资料搜集于网络，仅用于教学，如侵删除。

　　由于编者水平有限，书中难免存在错误和不足，敬请读者批评指正。

编　者

建筑设计初步思政.docx　　　　课件获取方式.pdf

目录

第 4 章　色彩知识及渲染

第 5 章　建筑测绘

第 6 章　建筑模型制作

建筑模型制作具体内容见文中二维码。

第 7 章　构成基础知识

第8章 空间设计入门

第9章 经典建筑及园林作品分析

第10章 小建筑及园林设计

小建筑及园林设计具体内容见文中二维码。

参考文献

第1章
绪　论

【学习要点及目标】

◎ 了解建筑的起源
◎ 掌握建筑的定义、类型和基本要素
◎ 熟悉中外建筑和园林的发展历程
◎ 了解园林的定义和设计要素

【本章导读】

　　伴随文明的出现，人类即开始了大规模的建筑活动。古代的埃及、西亚、希腊、罗马、中国、印度和拉美等地区都是建筑文化发展的源泉，世界各国、各民族的建筑共同构成了人类建筑文化的整体。建筑学是研究建筑物及其环境的学科，也是关于建筑设计艺术和技术结合的学科，旨在总结人类建筑活动的经验，研究人类建筑活动的规律和方法，创造适合人类生活需求及审美要求的物质形态和空间环境。本章概括介绍了建筑的起源、定义及其基本要素，旨在使学生全面了解建筑学是集社会、技术和艺术等多重属性于一体的综合性学科，使初学者对建筑有一个初步的认识，为其把握专业学习方向、养成专业思维方式打好基础。

1.1　建筑概述

建筑是什么？

法国作家维克多·雨果曾说："建筑是石头的史书""人类没有任何一种思想不被建筑艺术写在石头上"。德国哲学家弗里德里希·谢林说："建筑是凝固的音乐"，我国建筑学家梁思成说："建筑是一本石头的史书，它忠实地反映了一定社会之政治、经济、思想和文化。"

拓展知识1-1："建筑是凝固的音乐"

建筑是人类文明的重要成果之一，作为人类文明的载体，建筑的发展标志着人类文明的进程。从古至今，在世界各地，建筑无不被视为代表人类文明的里程碑。

"建筑是凝固的音乐".docx

学习建筑，首先要从了解建筑的起源开始。

1.1.1　起源

在漫长的原始社会，为了躲避恶劣的气候环境及防御野兽，人类的祖先从艰难的建造穴居和巢居开始，逐步掌握了营建地面建筑的技术，创造了原始的木架建筑，满足人们最基本的居住和公共社会活动的需求。如图1-1所示为西安半坡村遗址平面及想象外观复原图；图1-2所示为美洲印第安人的树枝棚。

（a）西安半坡遗址1号方形大房子平面

（c）西安半坡遗址2号圆形大房子平面

（b）遗址1号方形大房子想象外观

（d）遗址2号圆形大房子想象外观

图1-1　西安半坡村遗址平面及想象外观复原图

随着人类社会的不断发展，逐渐产生了国家和阶级，人类活动也变得日益复杂和丰富，逐渐出现了宗教、祭祀、殡葬以及其他社会公共活动，随之也产生了各种不同类型的建筑。如图1-3所示为西方原始宗教与纪念性建筑物。

图1-2 美洲印第安人的树枝棚

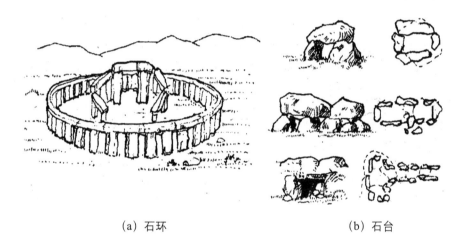

（a）石环   （b）石台

图1-3 西方原始宗教与纪念性建筑物

1.1.2 定义及类型

1.定义

建筑是建筑物与构筑物的总称，通常把直接供人使用的"建筑"称为"建筑物"，如住宅、学校、商店、影剧院等；把不直接供人使用的"建筑"称为"构筑物"，如水塔、烟囱、水坝等。这两类"建筑"在所用材料、构造形式、施工方法上都相同，因而统称为建筑。本书研究的重点是建筑物，简称"建筑"，是一种人工创造的空间环境，它是人们日常生活和从事生产活动不可缺少的场所。建筑在满足人们的物质生活的需要基础上，还应满足人们不同的艺术审美需求，因而建筑是一门融社会科学、工程技术和文化艺术于一体的综合科学。

2．类型

对建筑类型的划分有多种不同的方法。例如根据其使用功能、建筑层数、承重结构体系、承重材料、耐火等级、耐久年限等进行分类。通常我们按建筑的使用功能与性质，对其进行分类。

1）民用建筑

（1）居住建筑：供人们生活起居的建筑物，如住宅、公寓、宿舍等。

（2）公共建筑：人们从事政治、文化活动、行政办公、商业、生活服务等公共事业所需要的建筑物，如行政办公楼、商业建筑等。

2）工业建筑

用于生产的建筑物，如生产厂房等。

3）农业建筑

为农副业生产服务的建筑物，如温室、农副产品加工厂、粮仓、畜禽饲养场等。

1.1.3　基本要素

公元前32年至公元前22年在古罗马建筑师维特鲁威撰写的《建筑十书》中，将实用、坚固、美观称为构成建筑的三要素，概括地阐明了建筑要满足人们的使用要求，建筑需要技术，建筑也涉及艺术。尽管随着社会的发展建筑一直在不断变化，但是这三者始终是构成建筑物的基本内容，因此建筑功能、建筑技术和建筑形象通称为构成建筑的三要素。

1．建筑功能

不同的建筑有不同的使用要求，例如居住建筑、教育建筑、交通建筑、医疗建筑等。但是各种不同类型的建筑都必须满足某些基本的建筑功能，即人们对建造房屋的使用要求，充分体现了建筑物的目的性。

1）人体活动尺度的要求

建筑空间是供人使用的场所，人在建筑所形成的空间里活动，人体的各种活动尺度与建筑空间具有十分密切的关系。因此为了满足人们使用活动的需求，首先应该熟悉人体活动的一些基本尺度。如图1-4列举了人体尺度和人体活动所需的空间尺度，说明人体工效学在建筑设计中的作用，图中所示是一般起码的要求，许多尺寸与当时的经济条件、使用者的实际需要等有关，具体应用时会有些变化。

2）人的生理要求

人的生理要求主要是指人对建筑物的朝向、保温、防潮、隔热、隔声、通风、采光、照明等方面的要求。随着物质技术水平的提高，可以进一步通过改进材料的各种物理性能、使用机械通风等辅助手段，使建筑满足上述生理要求。

3）使用过程和特点的要求

在各种不同类型的建筑中，人的活动经常是按照一定的顺序或路线进行的。例如航空港建筑必须充分考虑旅客的活动顺序和特点，建筑应合理地安排好入口大厅、安检厅、候机厅、进出口等各部分之间的关系。再如剧院建筑的听和看要求，图书馆建筑的出纳管理要求，实验室对温度和湿度方面的特殊要求等，都直接影响着建筑的使用功能。

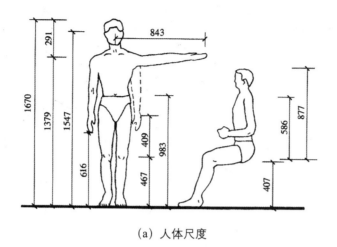

（a）人体尺度

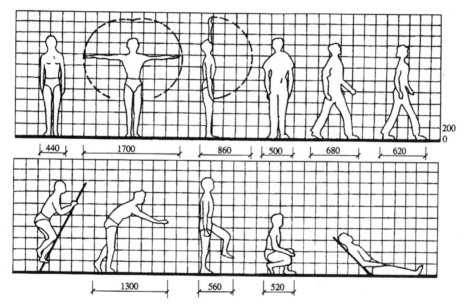

（b）人体活动所需的空间尺度

图1-4　人体尺度和人体活动所需的空间尺度（单位：mm）

不同类型的建筑功能不是一成不变的，它随着人类社会的不断发展和人们物质文化生活水平的不断提高，会有不同的要求和不同的内容。

2. 建筑技术

建筑技术是实现建筑设计的条件和手段，是指房屋用什么建造和怎样建造的问题，如建筑材料技术、结构技术、施工技术和建筑设备等。结构和材料构成建筑的骨架，设备是保证建筑物达到某种要求的技术条件，施工是保证建筑物实施的重要手段。

1）建筑结构

结构为建筑提供合乎实用的空间，并承受建筑物的全部荷载，抵抗由风雪、地震、土壤、沉陷、温度变化等可能对建筑引起的损坏。结构是建筑物中不可变动的部分，必须具有足够的强度和刚度。结构的坚固程度直接影响着建筑物的安全和寿命。

梁板柱结构和拱券结构是人类早期常用的两种结构形式。随着科学技术的发展，相继出现了一些新型空间结构，如网架、壳体、悬索、膜等结构，为建筑取得灵活多样的空间提供了条件。

2）建筑材料

建筑材料对于结构的发展有十分重要的意义。例如砖的出现，使得古典建筑中的拱券结构得以发展；钢和水泥的出现又促进了高层框架结构和大跨空间结构的发展；塑胶材料则使得充气建筑以全新的面貌出现。

建筑材料同样对建筑装修和构造十分重要。如玻璃的出现给建筑带来了更多的方便和光明，油毡的出现解决了平屋顶的防水问题。目前越来越多的复合材料出现了，在混凝土中加入钢筋，大大增强了混凝土的抗弯能力；在铝材、混凝土材料等内设置泡沫塑料、矿棉等夹心层可以提高其隔声和隔热效果等。

3）建筑施工

建筑施工一般包括两个方面：施工技术和施工组织。前者主要指人的操作熟练程度、施工工具和机械、施工方法等；后者则指材料的运输、进度的安排和人力的调配等。

20世纪初，建筑施工开始了机械化、工厂化和装配式的进程，大大提高了建筑施工的速度。机械化是指建筑材料的运输、搅拌、吊装等均采用机械操作，门窗等配件采用机械加工。工厂化则是强调各种构配件都在工厂预制，简化施工现场作业量。装配式建筑的建造过程是将建筑作为产品进行生产的系统流程，要通过建筑师对所建造产品的全过程进行控制，进而实现工程建造的标准化、一体化和工业化以及工程建设的高度组织化。

拓展知识1-2： "一天可以盖好10层楼？中国速度再次惊艳外国网友"

3．建筑形象

建筑形象的表现手法主要有空间、形体、色彩、质感、光影等多方面。古往今来许多优秀的设计师巧妙地运用了这些表现手法，创造了许多不朽的、优美的建筑形象。建筑外部形体和内部空间的组合，应遵循美的法则来构思设想，如统一、均衡、稳定、对比、韵律、比例和尺度等。不同时代，不同地区，不同民族，尽管建筑形式差别较大，人们的审美观念各不相同，但是建筑美的基本原则是一致的，是人们普遍认同的客观规律，是具有普遍性、必然性和永恒性的法则。

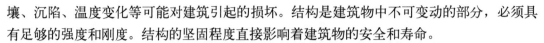

一天可以盖好十层楼.docx

1）比例与尺度

比例是形体之间谋求统一或均衡的数量秩序。尺度则是指整体和局部之间的关系及其与环境特点的适应性问题。

建筑形体处理中的"比例"包括两方面的内容：一方面是指建筑物的整体或局部某个构件本身长、宽、高之间的大小关系；另一方面是指建筑物整体与局部或局部与局部之间的大小关系。任何物体，不论何种形状，都必然存在着三个方向——长、宽、高的度量，比例研究的就是这三个方向度量之间的关系问题，如大小、高矮、长短、宽窄、厚薄、深浅等比较关系，是相对的，不涉及具体尺寸。推敲比例是指通过反复比较而寻求出三者之间最理想的关系。和谐的比例能引起人的美感，各个时代、各类建筑、各个地区及民族，都有不同的建筑比例，形成了丰富多彩的建筑风格。建筑构图中的比例分析法常用的包括轴线分析、几何比率、黄金分割等。

建筑外立面的矩形最为常见，建筑的门、窗、墙等要素绝大多数呈矩形，这些不同的矩形的对角线若重合、平行或垂直，就意味着立面上各要素具有相同的比率，即各要素均呈相似形，将有助于形成和谐的比例关系，如图1-5所示。

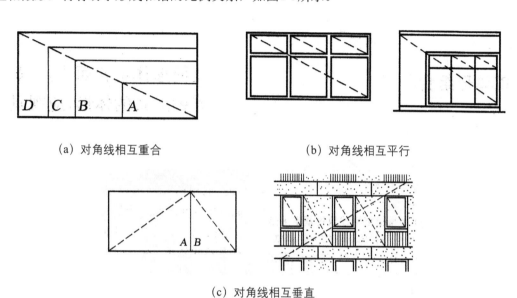

（a）对角线相互重合　　　　　　　　（b）对角线相互平行

（c）对角线相互垂直

图1-5　以相似比例求得和谐统一

在建筑设计中，人体是衡量所有建筑物尺度的标尺，如图1-6所示。建筑被人所建、被人所住，在其建造与居住过程中，人体尺度与人的活动是决定建筑物形状、大小的主要因素。具有纪念性尺度的建筑物，通常使用较大的尺度，让使用者感到渺小；而小巧、亲切的尺度，能够形成舒适宜人的空间氛围。

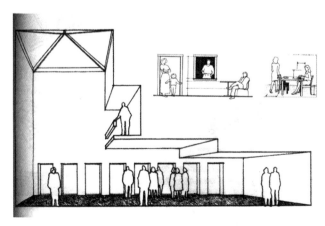

图1-6　人体是衡量所有建筑物尺度的标尺

2）对称与均衡

对称即中轴线两边或中心点周围各组成部分的造型、色彩完全相同。均衡则是视觉上的稳定和平衡感。对称与均衡容易获得整个画面的完整统一，但过度对称与均衡容易显得单调呆板。

均衡包括两种形式，一种是静态均衡，另一种是动态均衡。就静态均衡来讲，又有两种基本形式，即对称的形式和非对称的形式。对称的形式天然就是均衡的，加之它本身又体现出一种严格的制约关系，因此具有一种完整统一性，如图1-7、图1-8所示，建筑采用中轴对称的形式，给人以端庄、雄伟、严肃的感觉。

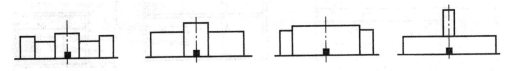

图1-7 对称布局示意

图1-8 美国国家艺廊西厢

非对称形式的均衡虽然相互之间的制约关系不像对称形式那么明显、严格，但是要保持均衡，本身也是一种制约关系。而且与对称形式的均衡相比较，不对称形式的均衡显得要轻巧活泼得多，如图1-9、图1-10所示。

除静态均衡外，有很多现象是依靠运动来求得平衡的，这种形式的均衡称为动态均衡。如图1-11所示是维特拉家具工厂消防站，使用动态均衡布局使得建筑形体的稳定感与动态感高度统一。

与均衡相关联的是稳定，均衡主要研究建筑构图中各要素左与右、前与后相对轻重关系的处理，稳定则重点考虑建筑上下之间轻重关系处理。随着现代新结构、新材料的发展和人们审美观念的变化，关于稳定的概念也有所突破，创造出上大下小，上重下轻，底层架空的建筑形式，同样达到了稳定的效果，如图1-12所示。

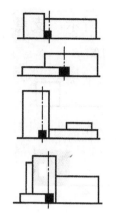

图1-9 非对称布局示意

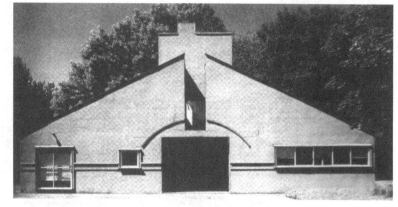

图1-10 栗子山母亲住宅

图1-11 维特拉家具工厂消防站

图1-12 上大下小的稳定构图（天津博物馆）

3）节奏与韵律

节奏与韵律本来是音乐概念，体现在建筑、雕塑、绘画和装饰等不同的视觉艺术形式中，是指同一要素或不同要素有规律地重复出现和有秩序地变化，从而激发人们的美感，如图1-13所示。建筑在形体处理中具有条理性、重复性和连续性特征的美称为韵律美。

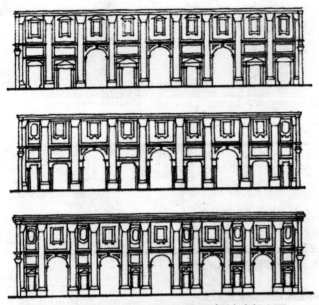

由弗朗西斯科·博洛米尼所作的**某巴西利卡内部立面**

图1-13　同一主题重复使用产生节奏与韵律

韵律美按其形式特点可以分为以下几种不同类型。

（1）连续的韵律：以一种或几种要素连续、重复地排列而成，各要素之间保持着恒定的距离和关系，可以无止境地连绵延长，如图1-14所示为美国科罗拉多州空军士官学院教堂立面，连续排列形成连续的韵律。图1-15是大厂民族宫富有韵律的立面。

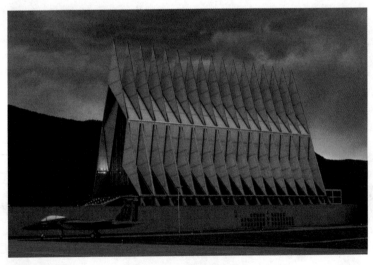

图1-14　连续的韵律

图1-15 大厂民族宫富有韵律的立面

（2）渐变的韵律：连续的韵律如果某一方面按照一定的秩序而变化，例如：逐渐加长或缩短，变宽或变窄，变密或变稀等，由于这种变化取决于渐变的形式，故称渐变韵律。如图1-16所示，其建筑体型由下向上逐渐缩小，取得渐变的韵律。图1-17所示为悉尼歌剧院渐变的韵律美。

图1-16 渐变的韵律

图1-17 同一主题渐变使用产生节奏与韵律

（3）起伏的韵律：渐变韵律如果按照一定的规律时而增加，时而减小，犹如波浪之起伏，或具有不规律的节奏感，即为起伏韵律。这种韵律较活泼而富有运动感，如图1-18所示，利用建筑屋顶的波浪形结构高低变化、起伏波动，形成起伏的韵律。图1-19所示为利用阳台的变化形成富有起伏韵律感的巴黎公寓。

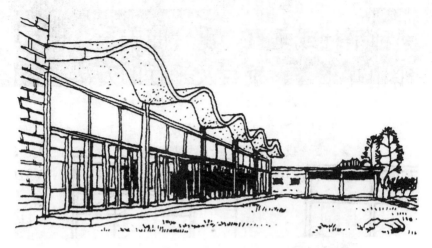

图1-18　起伏的韵律

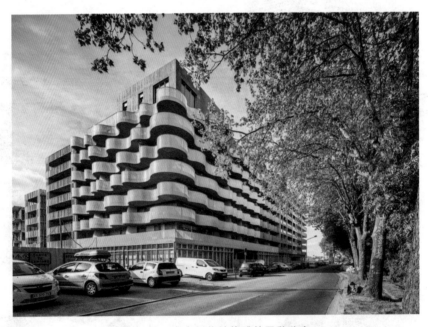

图1-19　富有起伏韵律感的巴黎公寓

（4）交错的韵律：各组成部分按一定规律交织、穿插而形成。各要素互相制约，一隐一显，呈现出一种有组织的变化，如图1-20所示，利用相邻两层建筑立面的凹进与凸出的交错进行，形成交错的韵律。

以上四种形式的韵律虽然各有特点，但都体现出一种共性——具有极其明显的条理性、重复性和连续性，因而在建筑设计领域中借助于韵律处理既可以建立起一定的秩序，又可以获得各种各样的变化，获得有机统一性。

4）对比与调和

对比是两者或多者之间的比较，例如大小、虚实、轻重、冷暖等。对比的目的是打破单调，是从矛盾的因素中获得良好的视觉效果。调和是将两种或两种以上的物质或物体混合成一体，彼此不发生冲突。就形式美而言，对比和调和都是不可缺少的，对比可以借彼此之间的不同烘托陪衬，进而突出各自的特点以求变化，调和则可以借助相互之间的共同性求得和谐。

图1-20 交错的韵律

建筑立面作为一个有机统一的整体，各种造型要素除按照一定秩序结合在一起外，必然还有各种差异，对比所指的就是这种差异性。

对比和调和只限于同一性质的差别之间，具体到建筑设计领域，主要表现在以下几个方面：大与小的对比，形状的对比，方向的对比，直与曲的对比，虚与实的对比以及色彩、质感等的对比。对比强烈则变化大，能突出重点；对比小，则变化小，易于取得相互呼应、协调的效果。

在立面设计中虚实对比具有很大的艺术表现力。如图1-21所示，门窗洞口在形状上微差，实墙面与柱廊虚空间形成强烈对比，使得整个立面处理既和谐统一又富有变化。

图1-21 对比与调和

建筑功能、建筑技术和建筑形象三者是辩证的统一，又相互制约。通常情况下建筑功能起主导作用，满足功能要求是建筑物的主要目的。建筑技术是手段，依靠它可以达到和改善功能要求。而一些有纪念性、象征性等的建筑物的形象则非常重要，其形象和艺术效果常常起着决定性的作用，成为主要因素。

1.1.4　建筑发展简介

具体内容见右侧二维码。

建筑发展简介.pdf

1.2　风景园林概述

园林是建造在地上的天堂，是一处最理想的生活场所模型。人类社会在文明初期就有着对美好居住环境的憧憬和向往，这也从侧面反映了先民们对园林的理解。建筑、人、园林环境是一个不可分割的整体，人们总是渴望在以建筑为主的人工环境中与自然环境沟通，营建内部和外部的"自然园林环境"。

1.2.1　定义

什么是风景园林？

广义上讲，它是指具有观赏审美价值的景物，包括鬼斧神工天然生成的和精雕细琢的人为创造，如图1-22所示。

图1-22　广义风景园林

狭义上讲，园林是指在一定的地域内，运用工程技术和艺术手段，通过改造地形（或进一步筑山、叠石、理水）、种植树木花草、营造建筑和布置园路等途径创作而成的美的自然环境和游憩境域。

中国古代广为流传的王母的"瑶池"和黄帝的"悬圃"，就是一种美妙的园林。佛教《阿弥陀经》中对极乐世界的描述："极乐国土，七重栏楯，七重罗网，七重行树，皆是四宝，周匝围绕……有七宝池，八功德水，充满其中，池底纯以金沙布地。四边阶道，金、银、琉璃、玻璃合成……"，这是印度人的理想乐园。伊斯兰教的《古兰经》中"天园"界墙内随处都是果树浓荫，水、乳、酒、蜜四条小河，以喷泉为中心，十字交叉流注其中，成为后世伊斯兰园林的基本模式。基督教《圣经》中记载的"伊甸园"——流水潺潺，遍植奇花异草，景色旖旎，即是古犹太民族对天堂的向往，是西方古代园林的起源。

美国风景园林师协会将风景园林规划设计学定义为："它是一门对土地进行设计、规划和管理的艺术，它合理地安排自然和人工因素，借助科学知识和文化素养，本着对自然资源保护和管理的原则，最终创造出对人有益、使人愉快的美好环境。"

综上所述，园林设计是一门综合的环境科学，设计范围广，从尺度较小的微观景观规划设计，如建筑小品形式、园林构图及空间序列；到中观景观规划设计，如场地规划、城市公园设计、城市广场设计、居住区绿地设计等；再到尺度巨大的宏景观规划设计，如包含自然保护区规划、国家风景名胜区保护、旅游区规划、城市绿地系统规划等均属于广义园林设计的范畴。

1.2.2 风景园林设计要素

风景园林由地形、道路、水体、植物、建筑及构筑物等要素组成，各个要素之间相辅相成，共同营建丰富多彩的风景园林空间。

1. 园林地形

地形是整个园林环境的依托和基础。自然界中各种各样的地形地貌，如高山、高原、平原、丘陵、湿地等，有不同的特质和品质，只有全面了解场地地形，在尊重自然的基础上，因地制宜将场地中的各种元素充分利用，再进行美学上的创造，才能真正设计出与自然和平共处的优秀的园林作品。园林地形一般分为平地和坡地两个大的类型，如图1-23所示。

（a）平地   （b）坡地

图1-23　园林地形

2. 园林道路

道路是园林环境中不可或缺的一个重要因素。不同种类的道路形态既有极强的功能性，又为园林环境增加了很多情趣，道路设计安排是否合理，直接影响着人们在园林环境的感受。设计不同的道路形态，应根据其在场地中发挥的不同作用，采用相应的设计手法，以达到理想的效果。

园林道路类型分为街道式和变异式两种。前者包括居住区道路、滨河大道、园林道路、商业步行街、公园道路等，如图1-24所示；后者道路样式发生变化，形成步石、汀步、树桩踏步等，以增加园林环境的趣味性，如图1-25所示。

图1-24　街道式道路

图1-25　水中汀步路

3. 园林水体

水是园林环境中十分重要的要素，将"水体"元素充分合理地利用，可以增加园林环境的神韵。自古以来，水为文人墨客所推崇，中国园林也素有"有山皆是园，无水不成景"的说法。园林环境中的水一般有静水、流水、跌水、落水、喷泉等形态，设计应根据园林环境的需求，采用不同的形态，以营造特定的视觉效果，如图1-26所示。

（a）喷泉

（b）瀑布

图1-26　园林水体

4. 园林植物

植物是园林环境中必不可少的要素。植物既有生态方面的作用，又有视觉审美的功能。植物应具有美观、形态变化、色彩变化等的要求，以满足人们的视觉欣赏需要。另外，还要注意将常绿植物与阔叶植物、不同花季、不同发芽和落叶期的植物合理搭配，尽量保证四季都能够赏景，如图1-27所示。

图1-27 园林植物

5. 园林建筑物及构筑物

建筑物是园林环境中的一个重要的要素，是人们在长期的历史文化生活中所形成的典型的艺术文化成果，有明显的人工色彩。纵观东西方历史，对于建筑物在园林环境中的地位，以及人与建筑、自然的关系，东西方在认识上存在着较大的差异。

以中国传统园林为代表的东方传统景观模式认为人与自然、建筑与自然的关系应该追求"天人合一"的境界，讲究意境美。因此，建筑物在中国传统园林中，虽然有着飞檐翘角、雕梁画栋的丰富多彩的造型，但它作为园林中的一个构成元素，始终服从于整体自然环境，与环境相互协调、融为一体、相映成趣。以宫殿庭园为代表的西方传统景观模式则认为，人的力量高于自然、人定胜天，因此西方园林环境中人工化、几何化、抽象性的痕迹尤为明显，作为人类力量代表的建筑具有极高的地位，通常以体量高大、严谨对称的姿态位于中轴线的起点上，控制和统帅整个轴线和园林，而周围的环境和其他元素则作为建筑的陪衬，如图1-28所示。

(a) 东方园林建筑　　　　　　　　　　(b) 西方园林建筑

图1-28 东西方园林建筑对比

园林环境中通常还有公共设施，如座椅、桌子、果皮箱、树池、指示系统、花钵、园灯等，不仅提供使用功能，其多样的造型还起到装饰、点缀空间环境的作用，如图1-29所示。

17

图1-29　园林中的公共设施

拓展知识1-4：园林各要素设计

1.2.3　世界古典园林体系

具体内容见右侧二维码。

园林各要素的设计.docx　世界古典园林体系.pdf

1.2.4　现代园林简介

具体内容见右侧二维码。

拓展知识1-5：现代园林绿地的功能

现代园林简介.pdf　园林绿地的功能与分类.docx

思考题

1. 建筑的含义是什么？
2. 构成建筑的三要素是什么？
3. 什么是建筑的比例、尺度、均衡、韵律、对比？举例说明。
4. 建筑物的基本组成包含哪几部分？并简述其功能。
5. 风景园林是什么？
6. 风景园林设计要素有哪些？并简述其功能。
7. 现代园林产生的意义是什么？

第2章
设计表达基础

【学习要点及目标】

◎ 了解建筑学专业的基础知识
◎ 掌握工程字体的书写
◎ 掌握线条、建筑配景的画法
◎ 了解速写的基本构图等知识

【本章导读】

设计表达基础是建筑学、风景园林等专业的启蒙教育，属于专业学习的必修基础。本章系统讲解字体、线条、建筑配景、设计速写等内容，培养建筑类专业学生的专业基本素养，了解美学基本规律，掌握工程字体、线条、建筑配景及设计速写的基础知识，强化基本功训练，为后续的设计专业课程学习奠定坚实的基础。

在建筑设计相关行业中，为了统一房屋建筑制图的规则，便于技术、施工交流以及保证制图质量效果，符合设计、施工、存档的要求，建筑工程的图样格式、画法、图例、线型、文字以及尺寸标注等均有统一的标准。本章将对包括汉字、数字、字母在内的制图标准与规范书写以及建筑快速表现进行详细讲解。

2.1 字 体

文字是人类用符号记录表达信息的重要方式和工具，文字使人类进入有历史记录和文明的社会。中国书法是我们中国人独创、特有的一种艺术形式，它伴随文字而产生，回顾历史可以看到殷商的甲骨文书法，后来演变成的金文、篆、隶、楷、行、草书法，数千年代代相传。中国书法，早已成为中华文化不可分割的一部分，是中国上下五千年来的文化瑰宝。

常用字体.mp4

拓展知识2-1：中国传统书法赏析

字体是工程（技术）制图中的一般规定术语，是指图中文字、字母、数字的书写形式。汉字、字母和数字是我国工程图纸中文字的重要组成部分，通常用于表达文字说明、尺寸标注、轴线标注等重要信息，要求书写工

中国传统书法赏析.pptx

整、规范、清晰、美观、容易辨认。

2.1.1 工程字体

1. 汉字

1）仿宋字

仿宋字是出现于20世纪初叶的一种印刷字体，仿照宋版书上所刻的字体，笔画粗细均匀，有长、方、扁三体。其中，长体仿宋字便于用钢笔书写，其端庄、工整的法度和严格的规范性，使其成为工程技术图纸中的首选用字。

（1）字体特征：仿宋字的笔画造型带有楷书特点，横竖笔画粗细一致。横的笔画有左低右高的倾斜角度，翘高3度左右，起笔落笔与转折都有笔顿，点、撇、捺、挑、勾、尖锋加长，如图2-1所示。

仿宋字的特点是：字身修长、工整秀丽、匀称挺拔、有起落顿笔、横斜竖直、粗细一样，笔画的间隔均匀。

（2）字体格式：仿宋字一般高宽比为3∶2，字间距约为字高的1/4，行距约为字高的1/3，如图2-2所示。书写字体时，应在图纸的适当位置上，先用轻稿线（淡淡的铅笔起稿线）按上述字形比例要求打好方格，再进行书写。

（3）字体书写：仿宋字的各种笔画有起落顿笔，如图2-3所示。

笔画粗细一致，间架结构饱满匀称，字体排列整齐均匀，遇到大小、繁简不一的字成篇时，应注意适当缩放字体，使成篇字体统观大小一致、疏密合适。

图2-1　仿宋字

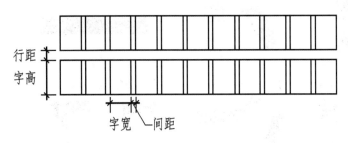

图2-2　仿宋字字格

图2-3　仿宋字笔画

2）黑体字

（1）字体特征：黑体字又称方体或等线体，没有衬线装饰，字形端庄，笔画横平竖直，全部笔画粗细一样，如图2-4所示。由于汉字笔画多，字号小的黑体清晰度较差，所以黑体字主要用于文章和图纸的标题。

（2）字体格式：黑体字以"笔画一致，方黑一块"而得名，因此黑体字的字形大多以方形出现。书写时，应在图纸的适当位置上，先用轻稿线（淡淡的铅笔起稿线）按比例要求打好方格，再进行书写。

（3）字体书写：黑体字的所有笔画粗细基本均等，以横划为例，粗细占字格高度的1/7～1/10，根据字的笔画多少可适当调整笔画的粗细，笔画少的可以适当粗些，笔画多的可以适当细些。各笔画书写方法与特点，如图2-4所示。

图2-4 黑体字

2. 数字

数字的笔画宽度为字高的1/10，可写成斜体或正体，如图2-5所示，斜体数字的字头向右倾斜，与水平基准线成75°。数字1相较其他数字所占字格的宽度应小于其他数字所占字格的宽度。制图中的数字书写方法与平时写字有所区别，应注意笔顺和字体的间架结构，如图2-6所示。

3. 拉丁字母

工程制图中，拉丁字母的笔画宽度为字高的1/10，可写成斜体或正体，如图2-7所示，斜体字母的字头向右倾斜，与水平基准线成75°。拉丁字母的笔画以曲线居多，书写时应注意笔顺以及笔画的圆润光滑，如图2-8所示。

图2-5 数字

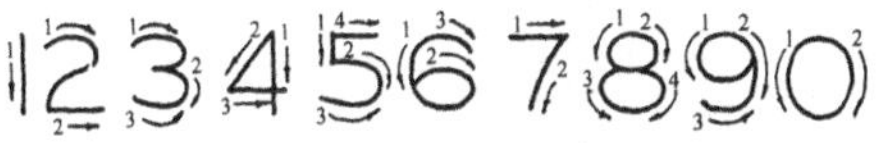

图2-6 制图数字

图2-7 斜体拉丁字母

图2-8 拉丁字母

2.1.2 艺术字

艺术字是普通汉字经过专业字体设计师设计、艺术加工后的变形字体，其特点是在符合文字含义的基础上，具有美观有趣、易认易识、醒目张扬等艺术特性，是一种有图案意味或装饰意味的变形字体。艺术字广泛应用于宣传、广告、商标、标语、黑板报、企业名称、会场布置、展览会以及商品包装，各类报刊和书籍等。

在工程图纸中，艺术字主要应用于表现类图纸的标题，有增强图纸醒目度和强调整体构图的重要作用。在书写和构图中，应注意避免过于夸张，仍应以易辨识、美观清晰、字形饱满匀称为主要书写原则，如图2-9所示。艺术字的书写应首先从汉字的义、形和结构特征出发，进而对汉字的笔画和结构进行合理的变形装饰，书写出美观形象的变体字。

WEWISE   巽   河西中央商务区

图2-9 艺术字

拓展知识2-2：优秀建筑设计表达中的字体分析

优秀建筑设计表达中的字体分析.docx

2.2 线　条

线条是建筑制图中最重要的组成部分之一，通常根据绘图工具的不同将线条划分为铅笔和钢笔两种。两种线条都可以表现物体不同的材质、光影、深浅等变化。铅笔相比钢笔具有易于修改的特点，因此初学者应在进行钢笔线条的绘制前，先进行铅笔线条的练习。

线条.mp4

2.2.1 铅笔线条

1. 铅笔的种类

（1）传统木包石墨芯铅笔：从最硬的（含黏土成分最多的H型号）到最软的（含石墨最多的B型号），有十几个等级，代表软硬程度的符号为H或B。符号前面的数字越大，表示铅笔芯越硬或越软，绘制出来的笔画越轻或越重，如图2-10所示。HB是公认的绘图过程最有用的多面手，2H和H铅笔用于绘制工程图的轻稿线图或摹拓图较为理想。

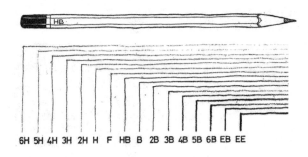

图2-10　铅笔的种类

（2）咬芯笔：专门为制图设计的工具笔，可装填各种硬度、厚度和颜色的石墨铅芯，由于咬芯笔可以装填的笔芯种类较灵活，常被设计者应用于草图构思和方案表现，如图2-11所示。

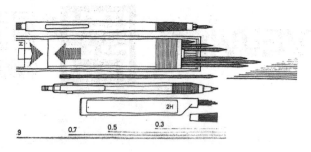

图2-11　咬芯笔

（3）乌木、木工笔和碳条等：均属于粗、软而黑的笔芯，如图2-12所示。粗而软的线条易于表达设计师自由而迅捷的构思，所以该类笔常被用于设计过程草图、透视图等表现类图纸的绘制。

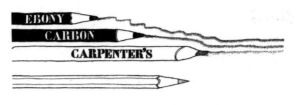

图2-12　乌木、木工笔

2. 铅笔的使用

1）准备铅笔

绘图前铅笔的准备不可小觑，使用铅笔刀或铅笔刨可削出三种笔尖形状，可以绘制出不同效果的铅笔线条，如图2-13所示。

2）使用铅笔

保持握笔、运笔放松，手腕悬空，笔尖应与图纸呈45°，一方面保证眼睛毫不费力地注视到整个铅笔的绘制轨迹，另一方面也可以更好地控制线条，使线条流畅有力。运笔时运用拇指和食指捻转铅笔作图，既可以保持笔尖的尖锐，也可以保障所绘线条由始至终粗细均匀，如图2-14所示。

图2-13　铅笔笔尖形状

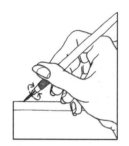

图2-14　运笔姿势

3）铅笔线条

铅笔绘制的线条，按照石墨的不同含量、图纸的不同质地，以及用笔力量的不同，可以绘制出多种不同轻重、不同质感的线条，如图2-15所示。铅笔绘制的线条应干净流畅，一次运笔一根线条，避免一根线条重复描摹；长线可断开后留出小缝隙分段绘制，避免线条起落笔端的重复搭接；运笔原则为"小抖大直"，保证线条整体的完整性，如图2-16所示。

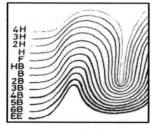

图2-15　铅笔线条

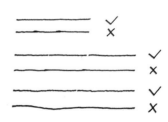

图2-16　铅笔运笔方式

2.2.2 钢笔工具线条

1. 钢笔的种类与线条

工程制图使用的钢笔，可以根据个人的绘图习惯和表现内容进行选择，如图2-17所示。

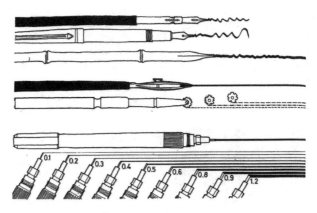

图2-17 钢笔类型

（1）传统的蘸水钢笔和墨水笔：有流畅的笔尖，绘制时使用不同的运笔力度可产生不同粗细的线条。

（2）点线笔：一种工程制图的特殊工具，利用笔尖可调换轮盘，可以绘制出各种虚线、点线和点画线。

（3）制图笔（针管笔）：制图笔有管形的笔尖，内部有尖针，所以也称针管笔。根据管形和尖针的大小不同，形成粗细不同的等级，常用的笔尖粗度有0.2 mm、0.4 mm、0.6 mm等，使用时根据制图规范要求选择使用。

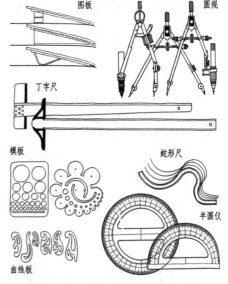

图2-18 绘制钢笔线条的工具

2. 钢笔工具线条的绘制

1）工具

图板、丁字尺、模板、三角板、比例尺、蛇形尺、曲线板、半圆仪、圆规等，如图2-18所示，都是绘制钢笔工具线条时的必要工具。

2）绘制原则

用制图笔绘制线条时，笔尖应与图纸形成80°进行绘制，以避免出现线条宽度粗细不均的情况，如图2-19所示。用尺规制图时，应将制图笔"靠"在尺子上运笔，眼睛时刻关注笔尖的运行状况，并注意紧贴尺子边缘，防止线条"跑偏"；为了避免尺子移动时，线条墨迹未干而造成纸面污染,可以将尺子一侧的坡面朝下使用,这样尺子与纸面之间就形成了一定的空隙,运笔时保持笔端"靠"尺即可。

制图过程中如果不慎出现墨水误笔,图纸上出现墨迹,最快的消除方法是用刀片刮削。刮削图纸时应轻巧用力,去掉误笔的部分后,先用软橡皮修饰抛光,再绘制修改墨线,如图2-20所示。使用橡皮对局部小面积进行修改时,应使用辅助工具"擦图片",以避免破坏图面其他部分,如图2-21所示。

图2-19 制图笔绘图方式

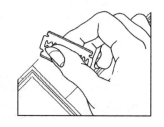
图2-20 刀片刮削错误

图2-21 擦图片

2.2.3 线条组合及训练

线条的表现力非常丰富,不论铅笔还是钢笔,都可以利用各种不同形式的线条组合,绘制出不同光影、深浅、质感的效果,如图2-22所示。不同的线条组合有不同的特性,工程制图中常利用该特性表达不同的物质形象。

图2-22 线条的表现

1. 钢笔线条表现光影的退晕变化

退晕法是线条组合常用技法,既可以利用退晕变化表现出深浅、光影,也可以表现出不同的材料质感,如图2-23所示。其本质就是借助线和点的排列结构变化,形成色调,表现出形体的表面、形状、空间及光线的关系,如图2-24所示。常见的退晕表现方法有以下几种。

（1）直线的组合,如图2-25所示,将退晕部分等分为若干个方格,在方格内利用线条排列的方向、密度、数量来表现退晕变化。

（2）曲线的组合,如图2-26所示,将退晕部分等分为若干个方格,在方格内利用曲线的曲度大小和密度来表现退晕变化。

（3）点的组合,如图2-27所示,将退晕部分等分为若干个方格,在方格内利用点或小圆圈的密度和数量来表现退晕变化。

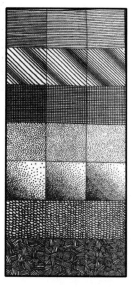
图2-23 钢笔线条退晕表现

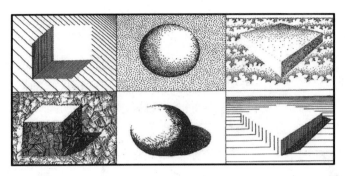

图2-24　常见的退晕表现方法

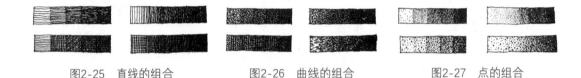

图2-25　直线的组合　　　　图2-26　曲线的组合　　　　图2-27　点的组合

2. 钢笔线条表现材料的质感变化

制图中常用钢笔线条的组合，表现不同材料的质感。如图2-28所示，第一排表现的是木材的几种常用画法，第二、第三排表现的是不同石材的几种常用画法。同时不同的线条组合，利用视觉感受变化还能反映出物体表面光滑或粗糙、坚硬或柔软、蓬松或密实的效果。

图2-28　不同材质的表达方式

3. 钢笔线条的组合

钢笔线条的组合，如图2-29所示。钢笔线条的组合与铅笔的组合方式基本相同，也常通过直线、曲线和点的组合来表现退晕变化，初学绘制者应注意钢笔不可修改的特性，可先用铅笔打轻稿，再落墨绘制正图。在建筑制图中，钢笔线条大多以直线形式出现，易于表现出完整、均匀的材料及光影变化，图面效果干净利落，如图2-30～图2-32所示。

4. 线条的训练

（1）建筑线型最特别之处在于画图时会在线条的首尾都加以强调，使得线型清晰、稳定，并使图面更具说服力和感染力。如果线条的力量在末端减弱，那么图面会让人感到柔软无力，如图2-33所示。

图2-29 钢笔线条的组合

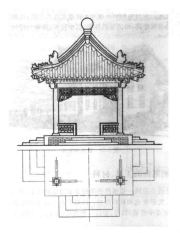

图2-30 墨线线条练习——四脊攒尖方亭

图2-31 钢笔线条直线形式表达1

图2-32 钢笔线条直线形式表达2

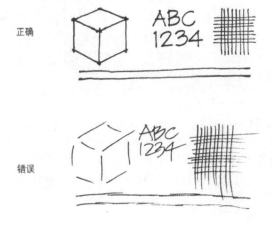

图2-33 线型的表达

（2）线条交汇时要有轻微的重叠，以避免交角处过于圆润。

（3）绘制草图时，画线从头到尾应是一根完整的线条，而不要将线条分成许多小段来画，更要避免含混不清的毛糙线条。

?

2.3 建筑配景

绘制完整的建筑设计图纸，各种配景是必不可少的。例如植物要素作为重要的表现符号，也可以创造空间、定义空间边界、增加环境色彩，适当地绘制各种配景能加强建筑图纸的表现力。建筑配景可概括为三大类：植物、人物和交通工具。

建筑配景及速写.mp4

2.3.1 植物

植物是建筑环境中重要的景观要素，一般包含草坪、绿篱、树木等，本节主要介绍树木的画法。树木作为配景不宜过多强调趣味性，如盘根错节的老树枯藤或久经风吹的强烈动感。同时要注意符合实际情况，如北方建筑的配景中极少出现棕榈树之类的南方热带树木。

1. 树木的位置

树木的位置及作用在绘制时常分为远景、中景和近景。下面重点介绍具体画法。

1）远景树木

一般位于建筑及其他园林环境要素后面，起到衬托作用。因此绘制层次不宜过多，表现也不宜过于复杂，其深浅变化可根据前边主体物的深浅而变化调整，以突出建筑主体。例如当建筑主体处于亮面，则植物配景可处理得暗一些；当建筑主体处于暗面，则可将植物处理得亮一些，使其产生相互间的衬托、对比关系。

2）中景树木

通常绘制于建筑物的两侧或前面，当其在建筑物前面时，应布置在既挡不住重点部分又不影响建筑物完整性的部位。

3）近景树木

绘制时不应遮挡环境主体的主要部分，根据透视关系，一般只画树干和少量的枝叶，起到"框"的作用，如图2-34所示。

图2-34 近景树的表达

2. 配景植物的分类

在园林景观绘图中，常见的配景植物有乔木、灌木、地被植物等。

1）乔木

乔木一般较为高大，有明显的树干、树冠等结构部分，树干和树冠经常处于互相掩映的状态，因此在绘制时要注意它们相互之间的疏密关系的组织，切不可画得过于满；还需要注意其灵活性的用笔，切不可过于呆板，否则会失去植物的灵动和装饰作用。乔木绘制分为枝条型和树冠型两类。

（1）枝条型树木平面绘制时先用铅笔起稿，确定合理的半径，五圆同心，间距均等。墨线绘制三五支主干并将其分叉于内圆一点或多点，止于最外圆；绘制主干分支在第二环区域内，每个主干两侧各添一枝，止于最外圆；依次向外绘制各小枝。应注意所有运笔都是由内向外模拟生长，如图2-35所示。

立面绘制首先应确定合理的中央最高处，其次作地平线和外轮廓弧线，进而向下等分增加两道弧线。所有运笔应注意由下向上模拟植物生长，指向并止于顶部的外轮廓线，如图2-36所示。

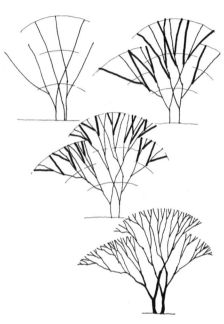

图2-35　枝条型树木平面绘制　　　　　　　图2-36　枝条型树木立面绘制

（2）树冠型树木平面绘制应首先确定合理的叶冠外边直径和中央的"空隙"，呈现两圆同心。然后在两圆之间随意作圆，大小不等、相互交叠。接着将各圆的外轮廓线连接作为叶冠的外轮廓线。最后在中央空隙部位加上枝条型的主干，如图2-37所示。

树冠型树木立面绘制首先用铅笔线作三五支主干，多点分叉于地平线，左右适当。然后在上部随意作圆，大小不等相互交叠，作为叶冠立面的外轮廓线。最后用连续波折线绘制树冠的叶片，如图2-38所示。

2）灌木

灌木树形相对矮小，没有明显的主干，在绘制时一般相对简略，通常将其抽象化和几何化处理，但也要注意其疏密和明暗的组织。绘制灌木平面时首先根据环境平面图布置的需要确定灌木的大致范围，用弧线或折线框绘出大致轮廓。然后在框内随意作大小不等的圆，使其相互交叠，尽量连成整体，作为叶冠轮廓线，如图2-39所示。

灌木丛立面的绘制应先确定合理的高度和所需要的宽度，作出地平线和顶廓线，进而在1/4高度处作水平线，作为灌木丛叶冠与枝干的分界线。然后在3/4的范围内作圆，将圆与顶廓线的交集作为叶冠线的轮廓，最后用U形连续折线绘制叶冠，如图2-40所示。

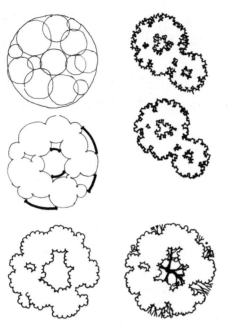

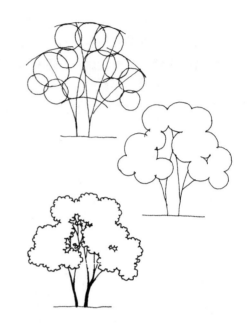

图2-37　树冠型树木平面绘制　　　　　　图2-38　树冠型树木立面绘制

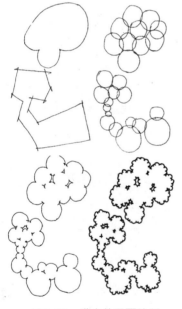

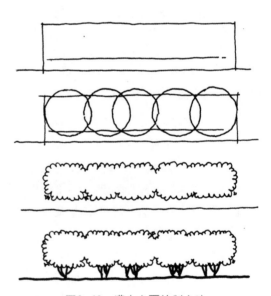

图2-39　灌木的平面绘制　　　　　　图2-40　灌木立面绘制方法

3）地被植物

地被植物在绘制时一定要注意灵活，可根据整个画面构图的需要适当加减，前后要注意虚实关系。还可以在地面适当表现其他物体的阴影，以达到塑造其立体感和丰富画面的需要。平面绘制首先应确定绘制区域，在衬底纸上满铺等间距平行线，逐行绘制U形连续折线，如图2-41所示。

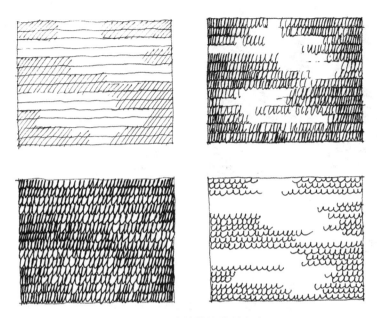

图2-41 地被植物绘制方法

常用的乔木、灌木配景绘制如图2-42～图2-47所示。

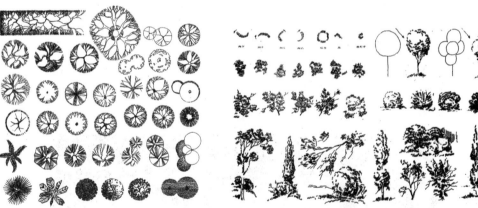

图2-42 常用植物平面示意图　　　　　图2-43 常用植物立面示意图1

图2-44 常用植物立面示意图2

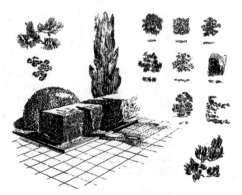

图2-45 植物配景组合图

图2-46　松树立面图　　　　　　　　　　　图2-47　椰树立面图

2.3.2　人物

　　建筑透视图中的人物配景，可以丰富空间的层次，传达建筑尺度的概念，提高画面的质量，渲染气氛。配置人物的大小要符合透视规律，离画面近的地方，人物可以适当大一些，离画面远的地方，应表现得小一些。

　　一般的外观透视更多需要画的是中景人、远景人。这种尺度很小的人物画法需把握的是大的人体比例，不需要细部描绘，按照准确比例画出轮廓即可，切记不可喧宾夺主。人物服饰的描绘应与地域、季节相符合，人物衣着色彩鲜艳，可增加画面生动感。绘制人物切忌头大，我国成年人的身高为7～7.5个头长。

　　建筑画中人物一般宜用行走、坐、站等稳定、安静的姿态，人物动向应该有向"心"的效果，朝向画面的视觉中心位置，不宜过分分散和动向混乱，同时注意分布的位置应自然。图2-48～图2-52所示为多种人物的绘制样例。

图2-48　人物绘制样例1

图2-49　人物绘制样例2

图2-50　人物绘制样例3

图2-51　人物绘制样例4

图2-52　人物绘制样例5

2.3.3　交通工具

交通工具主要包括汽车、自行车、摩托车、船舶等，在绘制交通工具时应考虑其与周边环境的比例关系，画得过小或过大都会影响到画面的整体效果。首先交通工具的绘制要注意其基本结构的准确把握，下笔干脆利落，大小符合透视规律，一般将其安排在画面的中景位置。交通工具的位置、方向、疏密等安排是否得当，对于整个画面构图的平衡、氛围烘托等都起着重要的影响作用。图2-53～图2-56所示为多种交通工具的绘制样例。

图2-53　交通工具绘制样例1

图2-54　交通工具绘制样例2

图2-55　交通工具绘制样例3

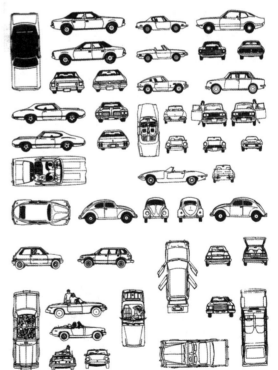

图2-56　交通工具绘制样例4

拓展知识2-3：建筑配景实训

建筑配景实训图.zip

2.4　速写技巧

建筑和风景园林速写的学习和掌握，对于设计师来说有着十分重要的意义。所谓速写就是在最短的时间内，通过简便实用的绘图方法和绘图工具，将建筑或园林对象用客观艺术的方式绘制出来。速写画的最大优点是快速、高效、方便，它不仅是收集资料、造型训练的一种手段，也是设计师推敲、交流、完善设计方案一个重要途径。

2.4.1　速写技巧

速写的基本技法是用简练和概括的手段表现主要形象的特征，在整个画面中并不是所有部分都需要平均用笔。首先构图要求处理好画面中各部分的关系，画面内容应该有取舍，主要表现部分要有细节，引人入胜、富有表现力。舍弃无关紧要的细节，掌握好画面中的次要部分和留白，控制主次部分的自然衔接、和谐对比，使得各部分在画面中的比例恰当，产生画面的整体美感，使作品达到"在秩序中有变化，在变化中有秩序"的完美统一。其次作画前可以多做一些构图小样，多次比较以寻求最佳的构图形式，从而完成画面的表现与具体对象的塑造。

速写的表现形式可以分为线条、明暗调子和混合三种。以线条为主是最常用的表现手法，运用多种线条表现出物体的形体、结构，同时线条本身也具有独特的审美情趣，具有强烈的韵律感，如图2-57所示。采用明暗调子表现整体画面，可将物体根据受光程度的不同，划分为许多体、面，运用明暗调子的变化表现物体。采用明暗调子的表现方法能够获得强烈的黑白对比，产生较强的视觉效果。实际作画中也可以将线条和黑白调子相结合，结合二者的优点，可使画面生动、富于变化，充分表现出物体的形状、体积和质感等效果，如图2-58所示。

图2-57　线条速写

图2-58　线条与明暗调子结合的速写

绘制速写使用的笔种类较多，常用的有铅笔、马克笔、钢笔、炭笔、美工笔、蜡笔等。常用的纸张有绘图纸、白报纸、卡纸、书写纸、复印纸等。

拓展知识2-4：钢笔画速写范例

钢笔画速写范例.doc

1. 建筑速写

（1）建筑大小：作为其表现的主体，在画面中所占的大小要合适。如果建筑在画面中所占的面积过大，就会使画面产生局促、拥堵、闭塞的感觉；相反，建筑在画面中所占的面积过小，往往给人带来一种空旷与稀疏的感觉，容易使整体画面产生主次不明的视觉效果。

（2）建筑位置：建筑在画面中的位置也应精心设计，建筑位于居中的位置，常会产生呆板的感觉。但过于偏向于画面的一侧，又会产生画面重心偏向一边，主题不突出的视觉效果。因此，一般将建筑安排在画面中线稍微偏左或偏右一些的位置，其他配景根据主体建筑的位置适当安排，给人以视觉上的舒展与顺畅，如图2-59所示。

图2-59　建筑在图面的位置

建筑所处的高度如果相对高一些，地面留的面积就会多一些；位于相对低一些的位置，地面留的面积就会少一些，天空留的面积就会多一些，具体情况应根据表现画面的需要而定。通常会把建筑安排在中线稍微偏上一点的位置，因为天空表现的物体会相对少一些，而地面表现的物体相对会多一些，如果不留出足够空间表现地面物体，会给人产生局促的感觉。

2. 风景园林速写

风景园林速写首先应根据整体环境的高低错落，选择合适的角度，把主要景物安排在视觉中心的位置上，其次从主体景物画起，向四周环境扩展，突出主题，最后对重点部位深入刻画，使画面整体完整，有虚有实，层次丰富，如图2-60所示。

图2-60　风景园林速写

2.4.2　速写赏析

具体内容见右侧二维码。

速写赏析.pdf

思考题

1. 常用的建筑工程制图中，经常使用哪几类文字？
2. 仿宋字的书写要领有哪些？
3. 常用的铅笔种类有哪些？分别有什么绘图特性？
4. 常用的钢笔种类有哪些？分别有什么绘图特性和绘图技巧？
5. 依据视觉审美的功能，树木种植形式有哪些？
6. 常用的线条组合方式有哪些？
7. 建筑速写的绘制原则有哪些？

实训作业（扫码）

实训作业.docx

第3章
建筑抄绘

【学习要点及目标】
◎ 掌握制图的基础知识
◎ 了解建筑构造的组成
◎ 掌握工程图纸绘制步骤

【本章导读】

　　建筑抄绘是专业学习的第一步，在抄绘过程中，掌握制图的基本常识，了解建筑的基本构造知识，看懂建筑工程图纸，熟知建筑设计相关行业的工程图纸的绘制标准，设计方案图中各图的对应关系及绘制要求，真正掌握建筑图示的基本语言，奠定建筑设计学习的基础。在本章的学习中，要注意建筑图纸表达的规范性、标准性以及全面性，做到这几点才能绘制出正确有用的工程图纸。

3.1 制图常识

建筑工程图样是建筑施工的技术语言。为了统一房屋建筑制图的规则，便于技术交流，保证制图效果质量，符合设计、施工、存档的要求，建筑工程图样中的格式、画法、图例、线型、文字以及尺寸标注等均有统一的标准。因此，绘制建筑工程图纸必须高度认真、严谨、一丝不苟。图纸一经确定，任何误差都会给工程实施带来不可弥补的损失。《建筑制图标准》经过多次修订，对于图纸幅面的大小、图样的内容、格式、画法、尺寸标注、图例符号都做了统一的规定。

制图常识.mp4

3.1.1 图纸幅面、标题栏、会签栏

工程图纸的幅面以整张纸1189mm×841mm为0号图幅，1号图幅是0号图幅的对裁，2号图幅是1号图幅的对裁，其余以此类推，如表3-1和图3-1所示。

表3-1 图纸幅面规格

单位：mm

幅面代号					
尺寸代号	A0	A1	A2	A3	A4
b×1	841×1189	594×841	420×594	297×420	210×297
c		10		5	
a			25		

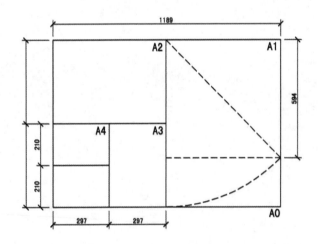

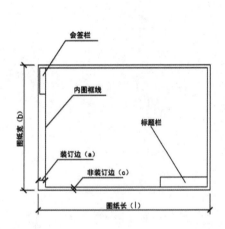

图3-1 图纸幅面、标题栏、会签栏

以图纸版面的短边作垂直边称为横式排版，以短边作水平边称为竖式排版。每张图纸都应有标题栏和会签栏。标题栏中注明图纸名称、设计单位、设计者、项目负责人、日期及图号，其位置位于图纸的右下角，但是A4图幅的标题栏位于图纸下方。会签栏是设计

师、监理人员与工程主持人会审图纸签字用的栏目，放在图纸的左上角。小型工程往往合并在标题栏中标注。

3.1.2 图线、比例、尺寸标注

1. 图线

工程制图要求图中线条粗细均匀、光滑整洁、交接清楚。严格的线条绘制是准确表达设计意图的前提，在图纸上不同粗细、不同类型的线型代表不同的意义。根据表达内容，制图的图线应符合图3-2所示的规定。

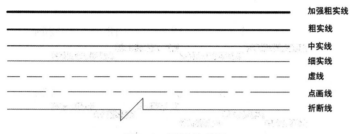

加强粗实线

粗实线

中实线

细实线

虚线

点画线

折断线

图3-2 图线的类型

工程图中图样绘制的比例常有不同，为了清楚表现图样，绘制时应选用不同粗细的线宽组。表3-2中的b为图线的宽度，线宽组的宽度可根据图样的比例和复杂程度选用。

表3-2 线宽组

线宽比	线宽组/mm					
b	2.0	1.4	1.0	0.7	0.5	0.35
$0.5b$	1.0	0.7	0.5	0.35	0.25	0.18
$0.25b$	0.5	0.35	0.25	0.18	—	—

拓展知识3-1：制图的线型等级

2. 比例

工程平面图、立面图、剖面图常用比例为1∶50～1∶200，总平面图常用比例为1∶400～1∶2000，局部详图常用比例为1∶1～1∶30，如表3-3所示。图面比例标注有时采用图形的方法，显得比较活泼、直观，如图3-3所示。

制图的线型等级.docx

3. 尺寸标注

图纸中物体的实际尺寸应使用准确的尺寸数字标明。尺寸标注由尺寸界线、尺寸线、尺寸起止符号、尺寸数字四部分组成。根据国际惯例，各种设计图上标注的尺寸，除标高及总平面图以m（米）为单位外，其余一律以mm（毫米）为单位。因此设计图纸上的尺寸数字都不再标注单位，如图3-4所示。

表3-3　建筑图纸常用比例

图样名称	比例尺	代表实物长度/m	图面上线段长度/mm
总平面图或地段图	1：1000	100	100
	1：2000	500	250
	1：5000	2000	400
平面、立面、剖面图	1：50	10	200
	1：100	20	200
	1：200	40	200

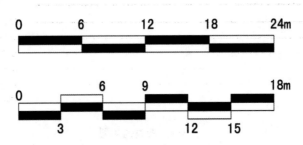

图3-3　比例尺的图形表示

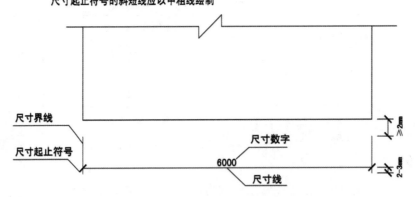

图3-4　尺寸的组成

　　尺寸界线与被标注长度垂直，尺寸线则平行于被标注长度，两端与尺寸界线相交画出点圆状或45°的顺时针倾斜的短斜线。任何图形的轮廓线均不得用作尺寸线。尺寸数字书写在尺寸线上正中，如果尺寸线过窄可写在尺寸线下方或引出标注，如图3-5所示。按照制图标准分段的局部尺寸线数字标注在内侧，总长度的尺寸线数字标注在外侧，形成2层或3层的标注。

尺寸数字宜注写在尺寸线读数上方的中部，相邻的尺寸数字如注写位置不够，可错开或引出注写

图3-5　尺寸线数字的标注

3.1.3　指北针、剖切符号、标高符号

1. 指北针

指北针是用于表示图纸方位的符号，指北针的形状与尺寸如图3-6所示，通常按照上北下南垂直绘制。建筑首层平面图一般采用主入口朝下的绘制方法，指北针则按照实际朝向倾斜绘制。

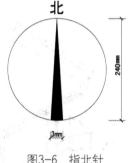

图3-6　指北针

2. 剖切符号

为了全面、清楚地表现设计对象，应适当对其进行剖切，通过剖面图可深入了解建筑的内部结构、分层情况、各层高度、地面和楼面的构造等内容。剖切符号位于平面图中剖切物两端，各标一个，由符号和编号共同表示，立面图中以相对应的编号绘出剖切立面。剖切符号用相互垂直的短粗实线表示，符号为"⌐⌐"，其中长线表示剖切面的位置，与剖切对象垂直，长度为6~10mm，短线表示观看的方向，长度为4~6mm。如果建筑物比较复杂，剖切线可在建筑物内部空间进行90°的转折，凡转角部位要标出转角线，如图3-7所示。

3. 标高符号

建筑内部的各种高度用标高符号表示，由数字和符号组成。按照规定以建筑首层地面为零点，以米为数值单位标注小数点后三位，标明±0.000，高于零点时省略"＋"号，低于零点时在数字前加"－"号，符号与数字的书写方式，如图3-8所示。

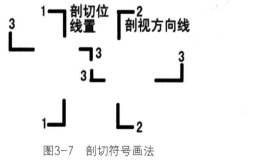

图3-7　剖切符号画法

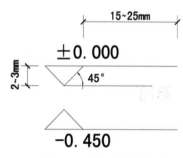

图3-8　标高符号画法

3.2　建筑的构造组成

一幢建筑物由基础、墙与柱、地面与楼面、台阶与楼梯、门窗、屋面6个部分组成，如图3-9所示。

建筑构造组合.mp4

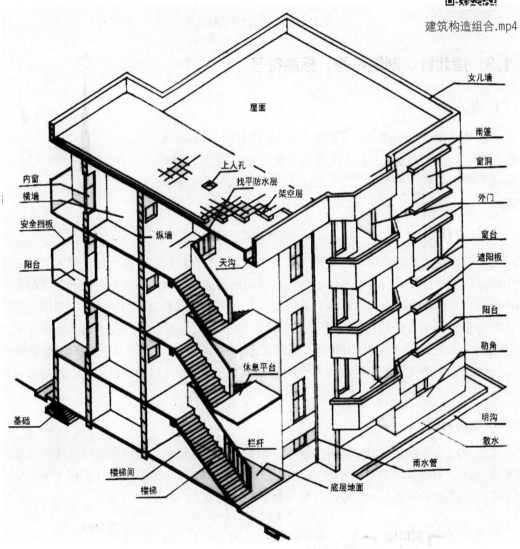

图3-9　建筑的构造组成

3.2.1　基础

基础是建筑物与地层接触的部分，通过地基承受全部荷载，通常埋于土层之下。

3.2.2　墙与柱

墙与柱起到围护与承重的作用。位于建筑四周的墙称为外墙，两端的外墙叫山墙。外墙起到承重以及防风、雨、雪的侵袭和保温、隔热的作用。位于建筑内部的墙称为内墙，起承重以及分隔房屋空间的作用。以砖墙为例，普通外墙根据其厚度称为三七墙，即方砖一长加一宽组合，连同抹灰厚约370mm。同理内墙称为二四墙，即一砖横竖错位组合，连同抹灰厚约240mm。如果墙体直接承受上部荷载并向下传递，这种墙称为承重墙；反之，则称为非承重墙或半承重墙。为了组织屋顶排水，向上探起或向外挑出的墙体部分称为女儿墙。

3.2.3　地坪与楼面

地坪与楼面是承接人们活动的载体。多层建筑的各层楼面起到水平分隔空间的作用，并承受家具、设备与人的重量。首层地坪同时还应有防湿隔潮的作用。

3.2.4　台阶与楼梯

室内的地面要高于室外，靠台阶形成过渡联系空间。楼梯是建筑层与层之间的垂直交通联系设施。

3.2.5　门窗

门作为室内外流通的限界，窗用于采光与通风。同时它们有阻止风、雨、雪的侵蚀与隔音的作用。作为建筑的外观，门窗还有立面造型的功能。

3.2.6　屋面

屋面是屋顶与天花板面的总称，由承重层、保温隔热层、防水层等组成。

一栋完整的建筑除以上六大组成部分外，还有阳台、雨篷、遮阳板；屋面有天沟、雨水管、散水、明沟等排水设施；屋外墙体下方有凸起的保护层"勒角"，室内墙体下方有保护墙面的"踢脚"；楼梯有安全护栏等构件。

3.3　建筑工程图纸的基础知识

工程图纸是设计方案的技术语言，是创作构思、初步设计、方案交流的手段。设计师借助不同的图纸，在平面二维空间表现立体空间的三维形态，并将方案布局、形状、大小、内部结构、细节处理等详尽准确地表达出来。

工程图纸概述.mp4

3.3.1　建筑工程图纸的内容

1.建筑总平面图的内容

建筑总平面图是表明新建建筑所在基地有关范围内的总体布置，它反映新建、拟建、原有和拆除的建筑物、构筑物等的位置和朝向，室外场地、道路、绿化等的布置，地形、地貌、标高等与原有环境的关系和邻界情况。具体内容如下。

（1）场地的区域布置。

（2）场地的范围（用地和建筑物各角度的坐标或定位尺寸、道路红线）。

（3）场地内及四邻环境的反映（四邻原有及规划的城市道路和建筑物，场地内需保留的建筑物、古树名木、历史文化遗存、现有地形与标高、水体、不良地质情况等）。

（4）场地内拟建道路、停车场、广场、绿地及建筑物的位置，并表示出主要建筑物与用地界线（或道路红线、建筑红线）及相邻建筑物之间的距离。

（5）指北针或风向频率玫瑰图、比例尺。

2. 建筑平面图的内容

平面图是设计方案中重要的部分，它反映建筑室内的空间关系。房屋的布局、通道与各个功能区的联系、门的开启方向以及各种固定的设施都要在平面图中反映出来。

1）建筑平面图的形成

建筑平面图是用一个假想的水平面在楼层标高1.5m处将建筑水平切开，把剖切平面以上部分移除，把剖切平面以下的物体投影到水平面上得到水平剖面图，如图3-10所示。

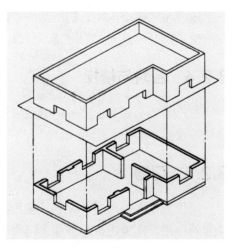

图3-10　建筑平面图的形成

2）建筑平面图的数量、内容分工及比例

一般来说，建筑有几层，就应画出几个平面图，并在图的下方注明该层的图名，如一层平面图、二层平面图……顶层平面图，图名下方应加画一条粗实线，图名右方标注比例。但在实际建筑设计中，往往存在多层建筑的平面布局相同的楼层，此时可用一个平面图来表达，通常称为"标准层平面图"或"×～×层平面图"。

（1）底层平面图：也称一层平面图或首层平面图，是指±0.000地坪所在楼层的平面图。其中表示该层的内部形状，还需画出室外的台阶（坡道）、花池、铺地等的形状和位置，以及剖面的剖切符号，以便与剖面图对照查阅。底层平面图上应标注指北针，其他层平面图上可以不再标注，如图3-11所示为绘制详细尺寸标注的底层平面图，图3-12所示为添加详细外环境的底层平面图。

（2）标准层平面图：除表示本层室内空间布局外，还需画出下一层平面无法绘出的雨篷、阳台等内容，而对于下层平面图中已表达清楚的，如台阶、花池等内容就不再画出。

（3）顶层平面图：也可用相应的楼层数命名，其图示内容与标准层平面图的内容基本相同。

（4）屋顶平面图：是指在高处向下俯视所见的建筑顶部图示，主要用来表达屋顶形式、排水方式及其他设施的图样。

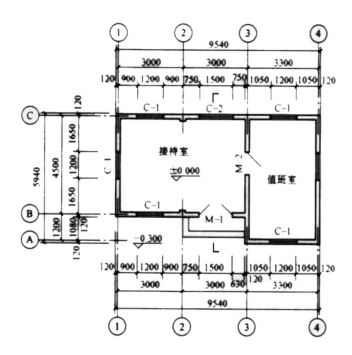

图3-11　绘制详细尺寸标注的底层平面图

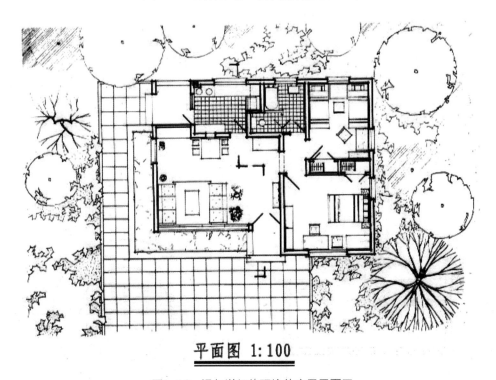

平面图 1:100

图3-12　添加详细外环境的底层平面图

3）建筑平面图的绘制内容

建筑平面图的绘制包括以下内容。

（1）平面的总尺寸、开间、进深尺寸或柱网尺寸。平面图中一般标注三道外部尺寸。最外面的一道尺寸为建筑物的总长和总宽，表示外轮廓的总尺寸，又称外包尺寸；中间一道为各房间的开间及进深尺寸，表示轴线间的距离，称为轴线尺寸；最里面一道为门窗洞口、窗间墙、墙厚等尺寸，表示各细部的位置及大小，称为细部尺寸。

（2）各使用空间的名称。

（3）结构受力体系中的柱网、承重墙位置。

（4）室外台阶、花池、铺地等的形状和位置。

（5）各层地面标高、屋面标高，一层地面标高定为±0.000。

（6）底层平面图应标明剖切线位置和编号，并应标出指北针。

（7）必要时，绘制主要用房的放大平面和室内布置。

（8）图纸名称、比例或比例尺。

4）建筑平面图的线型

按照建筑制图国家标准的规定，建筑平面图中凡是剖切到的墙、柱的断面轮廓线，宜用粗实线表示；门扇的开启示意线用中粗实线表示；窗的部位画4条细实线，两侧为墙体投影线，中间是窗体；其余可见投影线则用细实线表示。建筑方案阶段图纸在具体绘制时，考虑图纸比例和表达效果，剖切到墙、柱的断面也可使用双勾墨线，再涂墨色。

5）建筑平面图的轴线编号

建筑工程图纸中通常将建筑的墙、柱等承重构件的轴线画出，并对其进行编号，以便于施工时定位放线和查阅图纸。对于非承重墙的隔墙、次要构件等，其位置可用附加定位轴线（分轴线）来确定，也可注明其与附近定位轴线的有关尺寸。

建筑制图国家标准对绘制定位轴线的具体规定如下：水平方向的轴线自左至右用阿拉伯数字依次连续编为1、2、3…；竖直方向自下而上用大写拉丁字母依次连续编为A、B、C…，并除去I、O、Z三个字母，以免与阿拉伯数字中的1、0、2三个数字混淆。轴线线圈用细实线画出，直径为8mm，如图3-13所示。例如建筑平面为圆形，径向轴线宜用阿拉伯数字表示，从左下角开始，按逆时针顺序编写；圆周轴线宜用大写拉丁字母表示，从外向内顺序编写，如图3-14所示。

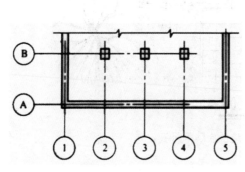

图3-13　建筑平面定位轴线的编号

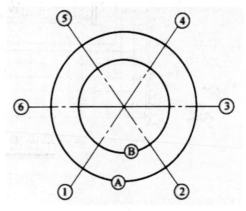

图3-14　圆形平面定位轴线的编号

　　附加定位轴线的编号应以分数形式表示，并应按下列规定编写：两根轴线间的附加轴线，应以分母表示前一轴线的编号，分子表示附加轴线的编号，编号宜用阿拉伯数字顺序编写；1号轴线或A号轴线之前的附加轴线的分母应以01或0A表示，如图3-15所示。

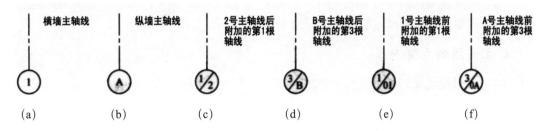

图3-15　主轴线与附加轴线的表示方法

3.建筑立面图的基础知识

　　建筑的立面图主要用来表达建筑的外部造型、门窗位置及形式、外墙面装修、阳台及雨篷等部分的材料和做法等。

　　1）建筑立面图的形成

　　立面图是用正投影法将建筑各个墙面进行投影得到的图，如图3-16所示。

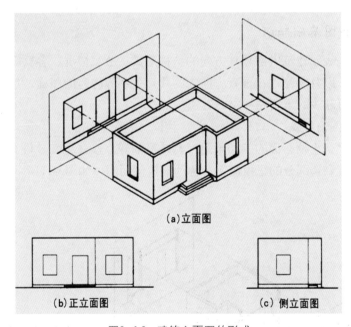

图3-16　建筑立面图的形成

　　2）立面图的数量、内容分工及比例

　　立面图的数量是根据建筑各立面的形状和墙面的装修要求决定的。当建筑各立面造型不同、墙面装修不同时，就需要画出所有立面图。绘制建筑方案图纸时，可根据建筑造型的特点，选择绘制一到两个有代表性的立面。

　　建筑立面图的比例与平面图要保持一致，常用1：50、1：100、1：200的比例绘制。

建筑立面图的命名，常用以下三种方式。

（1）用建筑墙面的特征命名。常把建筑主要入口处所在墙面的立面图称为正立面图，其余几个立面相应的图称为背立面图或左、右侧立面图。

（2）用建筑墙面的朝向命名，如东立面图、西立面图、南立面图、北立面图。

（3）用建筑外墙两端定位轴线编号命名，如①～⑧立面图。

4. 立面图的主要内容

（1）表明建筑物的立面形式和外貌，外墙面装饰做法和分格。

（2）反映立面上门窗的布置、外形。

（3）标注各主要部位和最高点的标高或主体建筑的总高度。

（4）当与相邻建筑（或原有建筑）有直接关系时，应绘制相邻或原有建筑的局部立面图。

（5）图纸名称、比例或比例尺。

（6）立面图的线型。为使立面图的外形更清晰、有层次，通常用粗实线表示立面图的最外轮廓线，对于凸出墙面的雨篷、阳台、柱子、窗台、台阶、花池等的投影线用中粗线画出，地平线用加粗线（粗于标准粗度的1.4倍）画出，其余如门、窗及墙面分格线等用细实线画出。

5. 建筑剖面图基础知识

建筑剖面图是表示建筑内部垂直方向的结构形式、分层情况、各层高度、建筑总高、楼面及地面构造，以及各配件在垂直方向上的相互关系等内容的图样，是与平面图、立面图相互配合，不可缺少的重要图样之一。

1）建筑剖面图的形成

假想用一个平行于投影面的剖切平面，将建筑剖开，移去观察者与剖切平面之间的建筑部分，作出建筑剩余部分的正投影图，称为建筑剖面图，如图3-17所示。

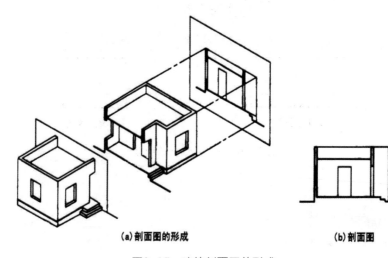

(a) 剖面图的形成   (b) 剖面图

图3-17　建筑剖面图的形成

2）剖面图的数量、内容分工及比例

剖面图剖切位置的选择，应根据图样的用途或设计深度，在平面图上选择能反映全貌、构造特征以及有代表性的部位剖切。一般宜选择在复杂高差变化的部位进行剖切，如楼梯间、门窗洞口、大厅以及阳台等空间关系比较复杂的部位，尽可能清楚地表述建筑内部的空间变化。

剖面图的数量应根据建筑规模大小或平面形状复杂程度确定，一般规模不大的工程中，房屋的剖面图通常只有一个。

剖面图的比例通常与同一建筑的平面图、立面图的比例一致，即采用1∶50、1∶100和1∶200绘制。

3）剖面图的主要内容

（1）表示被剖切到的建筑各部位，如各楼层地面、内外墙、屋顶、楼梯、阳台、散水、雨篷等的构造做法。

（2）各层标高及室内外地面标高，室内外地面至建筑檐口（女儿墙）的总高度。

（3）图纸名称、剖面编号、比例或比例尺。

3.3.2　建筑工程图纸的识读

阅读建筑图纸，应按照一定的顺序进行阅读，只有这样才能比较全面而系统地读懂图样。

1. 建筑总平面图的识读

（1）阅读标题栏、图名和比例。通过阅读标题栏可以知道工程名称、性质、类型等。

（2）阅读设计说明和经济技术指标。通过阅读设计说明和经济技术指标可以了解工程规模、用地范围、有关的环境条件等。

（3）了解新建建筑的位置、层数、朝向等。

（4）了解新建建筑的周围环境状况。

（5）了解原有建筑物、构筑物和计划扩建的项目等。

（6）了解其他新建的项目，如道路、绿化等。

（7）了解当地常年主导风向。

2. 建筑平面图的识读

（1）读图名、比例。

（2）读图中定位轴线编号及其间距。

（3）识读建筑平面形状和内部墙体的分隔情况。

（4）读平面图的各部分尺寸。

（5）读楼地面标高。

（6）读门窗位置。

（7）读剖面的剖切符号及指北针。

3. 建筑立面图的识读

（1）读图名、比例，了解立面图的观察方位，立面图的绘图比例、轴线编号与建筑平面图上的应一致，并对照阅读。

（2）看建筑的造型特点，包括体量、比例、门窗、台阶、外墙装修等。

（3）读立面图中的标高尺寸，了解建筑的总高度和各部位的标高，如室外地坪、室内地面、檐口、屋脊等处的标高。

（4）读建筑外墙表面装修的做法和分格线等，了解建筑各部位外立面的装修做法、材料、色彩等。

（5）看相关的环境，如配景树木、人物、照明等。其中人物是一个重要的参照物，可以反映出建筑的尺度。

4. 建筑剖面图的识读

（1）读图名、比例、剖切位置及编号。根据图名与底层平面图对照，确定剖切平面的位置及投影方向，从中了解该图所画的是建筑哪一部分的投影。

（2）识读建筑内部构造做法、结构形式等，如各层梁板、楼梯、屋面的结构形式、位置及其与墙（柱）的相互关系。

（3）识读建筑各部位标高尺寸。

拓展知识3-2：看懂图纸内的符号

看懂图纸内的符号.docx

3.3.3 建筑工程图纸的绘制

1. 建筑总平面图的绘制

总平面图中新建建筑部分使用粗实线画出简单的轮廓即可，建筑应表现出阴影。注意平面图与立面图所表现的环境应与总平面图一致。

2. 建筑平面图的绘制（见图3-18）

（1）定轴线。先定横向和纵向的最外部两条轴线，再根据开间和进深尺寸定出其他墙、柱的定位轴线。

（2）以轴线为中心向两边扩展画出外墙、内墙的厚度。

（3）确定门洞与窗洞的位置、门的开启方向并将其绘出。

（4）绘出台阶、散水等各种建筑局部。

（5）首层平面中绘制剖切符号，明确剖面图中的剖切位置和剖切方向。

（6）绘出尺寸线、标高符号。检查无误后，按要求加深各种图线，并标注尺寸、书写文字。

（7）根据总平面图绘出适当地段内环境配景等。

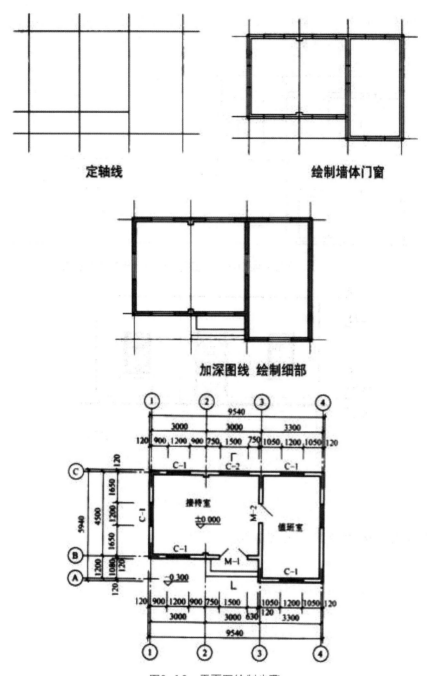

定轴线　　　　　　　　绘制墙体门窗

加深图线　绘制细部

图3-18　平面图绘制步骤

3. 建筑立面图的绘制（见图3-19）

（1）确定室外地平线、外墙轮廓线、屋脊及屋面檐口线。

（2）根据平面图定出门窗的位置。

（3）绘出各种局部构件的轮廓。

（4）深入刻画形象的细节，如门框、窗框、墙体砖缝、贴面等。

（5）标注尺寸、标高。检查无误后，按要求加深各种图线，并书写文字。

（6）绘制适当的立面配景。

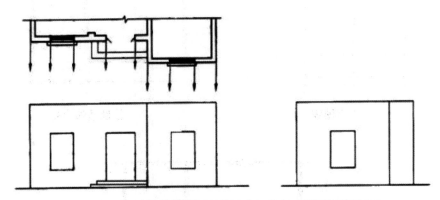

根据平面图确定门窗孔洞位置，绘制建筑轮廓线

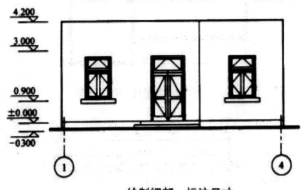

绘制细部、标注尺寸

图3-19 立面图绘制步骤

4.建筑剖面图的绘制（见图3-20）

（1）根据平面图中剖切位置与编号，分析所要画的剖面图哪些是剖到的，哪些是未剖切但是可看到的，做到心中有数。

（2）确定室外地平线、垂直轴线、楼面线与顶棚线。

（3）根据垂直轴线定墙厚，定屋面厚度与屋面坡度。

（4）确定门窗、楼梯、台阶、檐口、阳台等局部。

（5）标注尺寸、标高。检查无误后，按要求加深各种图线，并书写文字。

（6）绘制适当的立面配景。

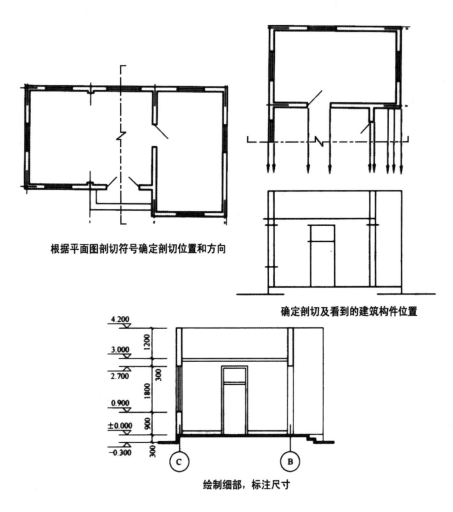

根据平面图剖切符号确定剖切位置和方向

确定剖切及看到的建筑构件位置

绘制细部,标注尺寸

图3-20 剖面图绘制步骤

思考题

1. 工程图纸包括哪些内容?
2. 用文字描绘指北针的正确画法?
3. 建筑总平面图的作用是什么?
4. 建筑平面图是怎样形成的? 其主要内容有哪些?
5. 建筑平面图中的尺寸标注主要包括哪些内容?
6. 建筑平面图为何要标注三道尺寸线?
7. 建筑立面图的命名规则是什么?
8. 建筑剖面图的主要内容有哪些?

实训作业(扫码)

实训作业.docx   制图工具的使用.mp4

第4章
色彩知识及渲染

【学习要点及目标】

◎ 了解色彩基本知识

◎ 掌握色彩美学原理

◎ 掌握水彩渲染技能

【本章导读】

随着人们对色彩审美的不断提高，好的色彩运用对一个优秀的建筑设计能起到重要的作用。设计者应了解色彩的基本搭配、配色原理和基本知识，并通过色彩搭配来发挥独特的创作灵感。

本章从光与色的关系出发，介绍色彩基础知识，阐述色彩基本原理，并最终回到建筑水彩渲染的教学目标。建筑水彩渲染是学习建筑设计的重要组成部分，渲染练习有利于学生充分理解建筑立面或建筑内部空间的光影效果，从中学习体会空间氛围感受。本章围绕建筑水彩渲染，逐一介绍水彩纸裱纸步骤，平涂、退晕基本技法，以及正确的光影关系；总述概括水彩渲染表现步骤；分项列举各种材质、配景的渲染方法。由理论到实践，由浅入深，条理清晰，目标明确，给学生提供可操作性强的实际指导，培养一定的色彩感受和审美，逐步提高学生的审美和动手能力，同时穿插中国水墨画与欧洲油画对比等知识点，提高学生的审美情趣，使其了解我国的传统色彩文化。

色彩从本质上来说是光的一种表现形式。1676年牛顿使用三棱镜将太阳光分解出一系列的光谱色系，揭示了色彩与光之间的相互依存关系。如图4-1所示，让太阳光从一个窄缝中射入，并使它落在一个三棱镜上。穿过三棱镜的太阳光被分解为一系列的光谱色系，光谱色系是一个连续的彩虹色带。

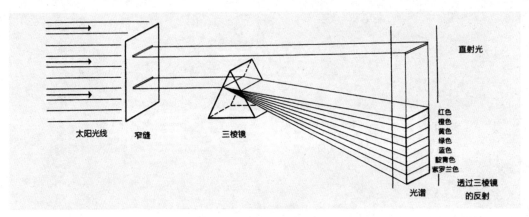

图4-1　光与色的关系

色彩是由光波产生的，光波是一种特殊的电磁能，人眼只能感知波长400～700毫微米的光波。每个光谱色相都可以用波长或频率来精确地定义。如表4-1所示，光波本身没有颜色，色彩是经眼睛和大脑中一系列的反应后产生的。

图4-1　不同色彩对应的波长、频率

光谱色彩	波长（毫微米）	频率（周/秒）
红色	800~650	400 万亿~470 万亿
橙色	640~590	470 万亿~520 万亿
黄色	580~550	520 万亿~590 万亿
绿色	530~490	590 万亿~650 万亿
蓝色	480~460	650 万亿~700 万亿
靛青色	450~440	700 万亿~760 万亿
紫罗兰色	430~390	760 万亿~800 万亿

当我们说一个碗是红色时，真正的含义是这个碗表面的分子结构吸收了除红色光线之外所有的光线，将红色光波反射进我们的眼睛，我们就识别出碗是红色的。

4.1　色彩基本知识

色彩从广义上讲包括光色和物色，前者是指光源发出的直接进入人眼睛的色光的颜色，后者是指经由物体反射或透射后进入人眼睛的色光的颜色。色彩按其表现形式可以分为有彩色和无彩色。其中黑、白、灰等颜色属于无彩色，它们不包括在可见光谱中，是色彩体系中不可缺少的组成部分。

色彩的基础知识.mp4

4.1.1 物色与光色

物体的颜色是通过反射可见光波呈现出来的，没有被看到的光波则被吸收了。绘画的颜料，印刷的墨水都是物质性的。当颜色混合叠加，越来越少的光波被人眼接受时，颜色会逐渐成灰黑色。

光色与之相对，如果将那些用三棱镜分解出来的非物质性质的光谱色彩进行混合，将会得到白色光，如图4-2所示。

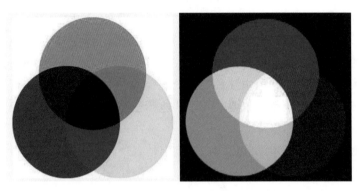

图4-2 物色三原色与光色三原色

4.1.2 色彩的三个要素

为了科学、准确地描述色彩，研究表明色彩有三个基本要素，即色相、明度、纯度，三者在任何一个物体上都是同时显示、不可分离，是色彩最基本的构成要素，如图4-3所示。

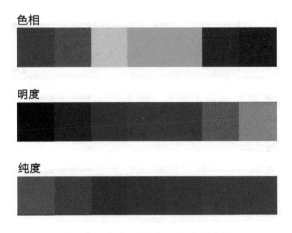

色相

明度

纯度

图4-3 色相、明度、纯度示意图

色相又称波长，指色彩的基本面貌，是颜色彼此相互区分最明显的特征。在可见光谱中，人的视觉能感受到红、橙、黄、绿、蓝、靛、紫，每一个色名都代表了一个特定的色彩印象。

三原色是指彩度最高、色相特征最明显，而且相互之间没有共同成分的色彩。物质颜色中红、黄、蓝是不能再分解，也不能再由其他颜色调出来的三原色。光色中红、绿、蓝是三原色。

明度指色彩的明暗程度。色彩中含有的白色成分越多，其反射率就越高，明度越高；反之黑色成分越多，反射率就越低，明度就越低。色彩的明度具有较强的独立性，可以不带任何色相的特征，仅用黑、白、灰无彩色关系单独表现。从黑到白之间有无限多的明度层次，人眼可以识别的明度层次约有200个。

纯度又称饱和度，是指色彩的鲜艳程度和含色量程度。它取决于某色光波长的单一程度，体现了色彩的内向品质，是色彩的精神。人眼视觉能辨认出来的有色相感的颜色，都具有一定程度的鲜艳度。例如红色，当它混入了白色后就变成了淡红色。虽然淡红色的明度比红色提高了，但由于淡红色中红色的含量减少了，使得其鲜艳度降低了，因此淡红色的纯度比红色减弱。一种颜色，只要加入了其他颜色，无论加的是有彩色还是无彩色，无论加多还是加少，其纯度都将降低。

需要注意的是，纯净而饱和的色相在明度上是有差异的。饱和的纯黄色非常的亮，饱和的纯蓝色非常的暗。

4.1.3 色彩体系

在对色彩的研究过程中，出现了多种多样的色相环和色彩体系。色相环有十二色色相环和二十四色色相环。色彩体系的分类也很多，目前国际上常用的几种色彩体系是：蒙赛尔色彩体系、奥斯特瓦尔德色彩体系、CIE（国际照明委员会）标准色度学系统及日本色彩研究所（P.C.C.S）。本章主要介绍十二色色相环及蒙赛尔色彩体系。

1. 十二色色相环

伊顿从红黄蓝三原色出发，设计出了一个包含12种色相的色环，如图4-4所示。首先，用一个等边三角形界定了第1层级的三原色，顶部是黄色，右下方是红色，左下方是蓝色。其次，基于这个三角形画了一个圆形，然后在这个圆形之内画出一个正六边形，在正六边形相邻边之间的等腰三角形中填充了三种混合色：绿色、橙色、紫色，这是该色相环的第2个层级，称之为三间色。最后，在第一个圆的外面，以适当的半径再画一个圆形，并将这两个圆形之间的圆环分割成12等分。将三原色和三间色再次放置到对应的扇形中，并用原色和相邻间色混合，得到色环的第3个层级色彩。在这个色相环当中，色相间隔均匀，互补色的位置正好两两相对。

2. 蒙赛尔色彩体系

蒙赛尔所创建的色彩体系采用颜色立体模型表示颜色，把物体各种表面色的三种基本属性——色相、明度、饱和度全部表示了出来，并按照一定的规律构成圆柱坐标体，如图4-5所示。

蒙赛尔色彩体系水平轴方向组成的是色相环，以红（R）、黄（Y）、绿（G）、蓝

（B）、紫（P）五原色为基础，再加上它们的中间色相，橙（YR）、黄绿（GY）、蓝绿
（BG）、蓝紫（PB）、红紫（RP）成为十个色相，按照顺时针方向顺序排列。

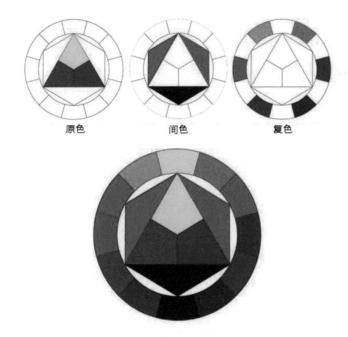

原色　　　　　　　　间色　　　　　　　　复色

图4-4　伊顿十二色色相环

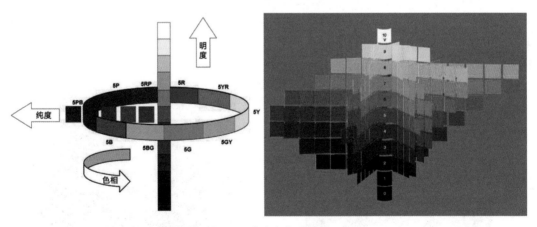

图4-5　蒙赛尔色彩体系

　　蒙赛尔色彩体系的垂直方向中心轴表示明度，共分为11个阶段，分别代表了黑、灰、
白等共11个等级的明度。垂直轴的顶部最高值为10，表示了理想的白色；垂直轴的底部最
低值为0，表示了理想的黑色，中间依次有各种灰色（N），因此称为无彩色轴。

　　蒙赛尔色彩体系的标色方式有两类，其中有彩色表示为HV/C，即H（色相）、V（明
度）、C（彩度）。例如6PB4/6，即表示蓝紫色相6号，明度4，彩度6。无彩色表示为
NV，例如N6表示明度为6的无彩灰。

4.2　色彩的美学原理

色彩的美学原理包含色彩对比及色彩和谐两部分。色彩对比是讨论色彩的差异，色彩和谐是讨论有差异的色彩如何组合。

色彩美学原理.mp4

4.2.1　色彩对比

人的感官只有通过比较才能发挥作用，色彩效果可以通过对比来增强或者减弱。色彩对比类型主要有7种：色相对比、明暗对比、冷暖对比、互补色对比、同时对比、饱和度对比、面积对比。

1. 色相对比

色相对比是7种对比类型中最基础的一种，只要画面中有两种或两种以上颜色出现，色彩对比就随之出现。色相对比的强弱取决于色相在色相环上的距离，色相距离在15度以内的为同类色对比，是色相的弱对比；色相距离在45度左右的为邻近色对比；色相距离在90度左右的为类似色对比；色相距离在120度左右的为对比色对比；色相距离在180度左右的为补色对比，是色相的强对比，如图4-6所示。

2. 明暗对比

明暗对比是因明度的差别而形成的色彩对比。最极致的黑色与最极致的白色都只有一种，但是在极黑与极白之间，却有着无数的各种明暗的灰色和有彩色。在伊顿十二色色相环中，黄色是最亮的色相，而紫色是最暗的色相，这两种颜色有着最强烈的明暗对比，如图4-7所示。

图4-6　三原色的色相对比

图4-7　明暗对比

3. 冷暖对比

冷暖对比是对视觉领域的色彩在温度上的一种感知。在伊顿十二色色相环中，与黄色—紫色轴线构成十字交叉的另一条轴线是红橙色—蓝绿色轴线，这两类颜色是冷暖对比的两极。需要注意的是，位于蓝绿色和红橙色之间的各个色相，需要通过与其他更暖或者更冷的色调对比，才能表现出冷暖特征，如图4-8所示。

4.互补色对比

对于某一种色相来说，光谱上所有其他色彩的总和就是这个色相的互补色。光色的互补色叠加会形成白光，物色的互补色混合在一起后，能产生中性的灰黑色。在伊顿十二色色相环中，互补色的位置总是位于色环上直径的两端。例如黄色和紫色、橙色和蓝色、红色和绿色，其中三原色总是存在于某一对互补色中，如图4-9所示。

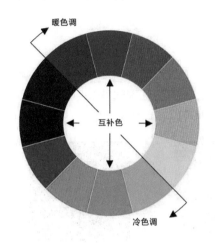

图4-8 冷暖对比

图4-9 互补色对比

5.同时对比

同时对比是相邻的两种色彩分别倾向于使对方向自己的补色转变而变成具有新效果的色调。这种同时产生互补色的效果是发生在观察者的视觉感之中的，并不是真实存在的。

将灰色小色块分别放置在明度饱和度相同的三原色大色块当中，观察灰色小色块，会发现灰色小色块带有一点背景色的互补颜色。例如，在黄色背景中的灰色小色块，看起来会有紫色倾向，如图4-10所示。

图4-10 同时对比

6. 饱和度对比

饱和度对比是指纯色与被稀释过的颜色之间的对比。色彩可以使用4种不同的方法来稀释，每种方法呈现的效果截然不同：第1种可以用白色来稀释；第2种可以用黑色来稀释；第3种可以用灰色来稀释；第4种可以用互补色来稀释。当一种色彩在比它暗淡的色调旁边时，它就会显得鲜活，而在比它更鲜活的色调旁边时，它就会显得暗淡，如图4-11所示。

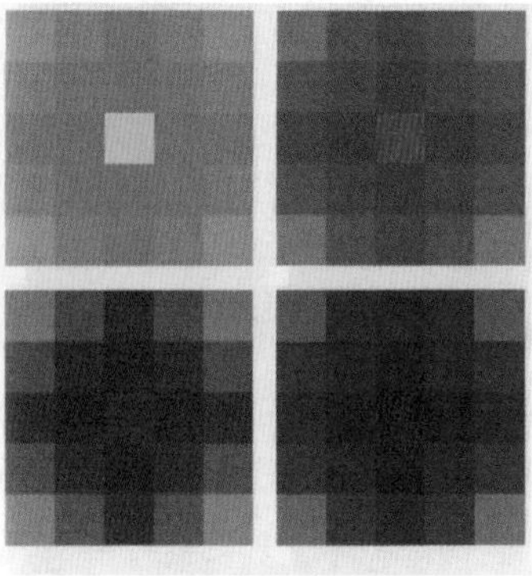

图4-11　饱和度对比

7. 面积对比

面积对比是涉及两个或多个色块的多与少、大与小之间的对比。面积对比其实是一种比例对比，能够改变和增强任何其他对比的效果。各个色彩面积的形状范围和轮廓应该根据色彩的纯度和明度来确定。例如如果想要突出黄色，在亮色调的背景中需要大面积的黄色区域，在暗色调的背景中只需要一小块黄色区域就可以，如图4-12所示。

1：1　　　　　1：2　　　　　1：3

图4-12　面积对比

4.2.2　色彩和谐

色彩和谐讨论的是两种或两种以上色彩的组合效果。通常色彩组合后的和谐或不和谐的判定是以"是令人愉快的还是不愉快的"作为评价标准。伊顿在《色彩艺术》中摒弃了主观感受评判色彩和谐的评价标准，从生理学角度研究色彩感知，认为只有当色彩建立了互补关系，人眼才会处于和谐和平衡的状态。需要注意的是，并非所有的色彩都需要表现出和谐的稳定感。

在伊顿的十二色相的色环中，所有互补的双色组合，所有三角形的三色组合，所有正方形或长方形的四色组合都是和谐的，如图4-13所示。

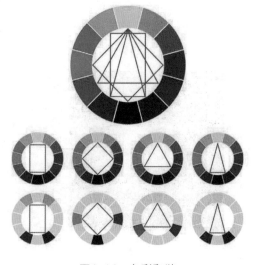

图4-13　色彩和谐

使两个或两个以上的颜色组合在一起的方法主要分两种：混色调和、并置调和。

1. 混色调和

混色调和是一种减光调和，它是将物质颜料的色彩混合叠加产生的调和效果。不同色料吸收色光的波长和亮度的能力不同。色料混合之后形成的新色料，一般都能增强吸光的能力，削弱反光的亮度。在投照光不变的条件下，新色料的反光能力低于混合前的色料的反光能力，因此，新色料的明度降低了、纯度也降低了。在绘画作品中，伦勃朗、塞尚等大师通过将半透明的色彩颜料很薄地涂在其他颜色之上，创造了非凡的混合色彩，如图4-14所示。

2. 并置调和

并置调和是一种加光调和，它是将不同色彩的物质颜料并置在一起。当有很多细小的色块并置在一起时，反射到人眼的光就会形成光的加色混合效果。在绘画作品中，修拉等后印象派画家，通过把纯粹的色相并置在一起，让画面的色彩混合呈现出光的加色效果，如图4-15所示。

图4-14 混色调和 塞尚 《圣维克多山》1890   图4-15 并置调和 修拉 《晨间漫步》1885

4.3 水彩渲染

水彩渲染是建筑设计表达的一种基础技法，主要以水彩均匀的运笔着色配以精细准确的轮廓线为基本特征。水彩颜料具有透明性，通过色彩的叠加，可以生动地表现出材料的质感；轮廓线能够突出表现对象的形体特征，两者搭配相得益彰。

水彩渲染-工具篇.mp4

4.3.1　渲染材料及工具的准备

水彩渲染前需要准备一些渲染材料和工具：水彩颜料、画笔、水彩盒、纸张、水桶等。

1. 水彩颜料

水彩色的原料主要从动物、植物、矿物等各种物质中提取制成，也有化学合成的。颜料中含有胶质和甘油，使画面具有滋润感。水彩画颜料有以下特性。

（1）透明性。水彩颜料经与水调和后，较多的颜色是透明或半透明的。通常易沉淀的颜料透明度低，不易沉淀的颜料透明度高。

（2）沉淀性。赭石、群青、土黄等颜料渲染时易沉淀。渲染时首先将颜料与水进行配比，并不时轻轻搅动配好的颜料，以免造成着色后沉淀不均匀和颗粒大小不一致。

（3）易干性。水彩画颜料易干燥凝结，如干结后龟裂或呈颗粒状，虽可用水浸泡溶解，但会严重影响作画效果。因此颜料使用完毕后，一定要及时拧紧盖子，以防固化。

2. 画笔

水彩渲染常用的画笔分为排笔和水彩毛笔。排笔主要用于大面积的平涂和渲染，如天空的着色。大号毛笔用于大面积的渲染，如墙面、地面的着色；中号毛笔用于局部渲染；小号毛笔侧重于细部的描绘。渲染前用冷水或温水将笔化开、洗净，使用过程中将毛笔合理搁置，以防损伤笔毛；用后要及时冲洗干净，并甩掉多余水分再套入笔筒内。

3. 纸张

渲染图应使用质地较韧、纸面纹理较细又有一定吸水能力的图纸。热压制成的光滑细面的纸张不易着色，又容易破损纸面，不适宜用于渲染。

4. 其他

除了上述主要工具，水彩渲染还需要准备调色盘、调色碟等辅助工具。

4.3.2　裱纸方法及步骤

裱纸是水彩渲染过程的首要环节。为了避免渲染时纸张大面积涂水后遇湿膨胀，产生凹凸不平的现象，使用前将纸张充分吸收水分，然后将其固定在图板上，待纸张全面干透后再进行渲染。

裱纸的方法.mp4

1. 裱纸工具

课程训练中，裱纸工具包括水彩纸、棉质白毛巾、白乳胶或水胶带。

2. 裱纸步骤

裱纸的方法有干裱法和湿裱法两种。本节重点讲述干裱法。

（1）折纸边。纸张裁好后将四边折出1.5cm宽的边，纸的光面朝上，向上折起。一方面为涂抹乳胶做准备，另一方面防止下一步注水时，有水溢出，如图4-16所示。

（2）注水加湿。将清洁水倒在纸面上，高约0.5cm。纸浸泡后会膨胀，约15分钟后沿纸角将多余水倒出，如图4-17所示。

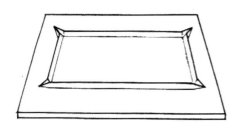

折出 1.5cm 的边，成屉状

图4-16　裱纸步骤1

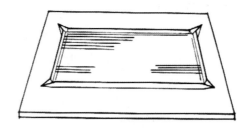

注水，使纸面膨胀

图4-17　裱纸步骤2

（3）刷乳胶。将纸摆放于图板正中，使其与图板边缘平行，给折起的纸边外沿刷乳胶。注意不要把乳胶蹭入图板中央部位，以免将来图纸难以下板，如图4-18所示。如使用纸胶带，首先依据纸张四边长度，截取略长于纸张边长的胶带纸，蘸水湿润后将其粘于纸面与图板上。注意使用纸胶带应同时粘贴纸张和图板，粘贴宽度应均衡，避免开裂。

（4）与图板黏合。先压合图纸两长边的中间部分，两手同时反向、向外用力。再以相同的方法压合图纸短边的中间部分。然后对两组对角对称用力，分别从压合好的中间部位向角端赶压，最后确认四边全部粘牢，如图4-19所示。

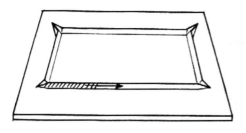

倒掉水后摆正，四条外边涂乳胶

图4-18　裱纸步骤3

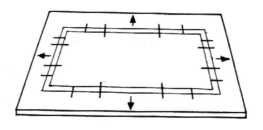

对称用力，先中心再边角固定纸边

图4-19　裱纸步骤4

（5）图纸干燥。浸泡潮湿的纸张应先干燥四边，形成收缩纸面的拉力，使纸面绷平。为保证中间的潮湿度可在纸中心放一小块湿毛巾，待四边干透再取掉，待中间慢慢干燥，如图4-20所示。

在图纸裱糊齐整后，务必将图板平放阴干，避免图纸由于不均匀吸水而开裂。如纸面存在洼中存水，可用工具及时吸掉，并使用湿润排笔轻抹折边内图面使其保持一定时间的湿润。发生局部粘贴折边脱落时，可用小刀蘸取白乳胶将裂口重新粘牢。如果图纸边缘脱边太多，应揭下图纸重新裱糊。

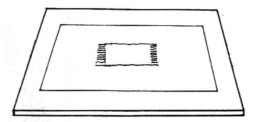

裱完纸，在中心置湿方巾使纸的四边先干

图4-20　裱纸步骤5

4.3.3　渲染技法

渲染技法.mp4

1. 光影分析

建筑物在光照和环境影响下明暗变化错综复杂，仔细分析观察这些细微变化，才能准确把握建筑的前后层次，给予翔实的刻画，赋予它生动的体积感。

1）光线构成

光源是一组无穷远的平行光线。规定建筑画面上的光线在建筑物斜上方45°，其水平、垂直投射角均为45°，如图4-21所示。

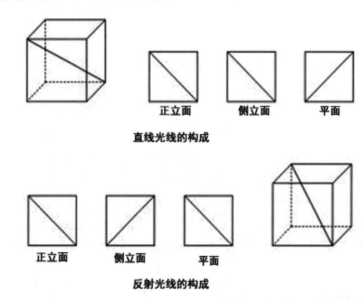

图4-21　光线的构成

2）光影变化

物体受直射光线照射后分别产生光面、阴面、高光、明暗交界线以及反光和反射。如图4-22所示，图中四种基本几何体受到光源作用后，受光充足的面形成光面，不受光的面形成阴面，光面与阴面交界处形成明暗交接线，周围环境对阴面的受光产生反作用，形成反光。

图4-22　三角锥和圆柱的受光分析

3）光影分析及其渲染要领

（1）面的相对明度。

建筑物上不同的面与左上方45°光线交接会形成不同的明暗关系。如图4-23所示，将这些面的水平投影面分别用A、B、B′、C、S、B′表示。A面受到的光线强度最强，渲染时可不上色或者略施淡色；B面与B′面是垂直墙面，是次亮部分，做墙面本身明度即可。S面部分处在阴影区，渲染时用色最深，是最暗的部分。C面与光线平行，处理成阴面，渲染时颜色重于B面与B′面，轻于S面。通过分析，明确不同的受光面在渲染时的深浅层次变化，可用由浅到深退晕法处理。

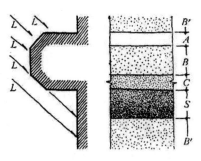

图4-23　面的相对明度分析

（2）反光和反影。

建筑物除了承受日光等直射光线外，还承受这种光线经由地面或建筑邻近部位的反射光线，如图4-24所示。如B面下部反光较强，渲染按照由上而下退晕；S面本身处于阴影区，但由于受到L_2的照射，立面产生由上而下逐渐加深的变化层次。反影是反光产生的特殊效果，S面中凸出部分P，受遮挡不承受L光，但地面反射来的L_1光，使它在S面的影内又增加了反影效果。渲染最后阶段，添加反影往往能起到画龙点睛的作用。

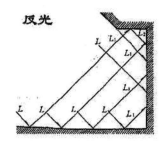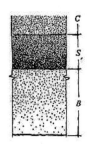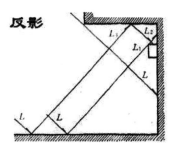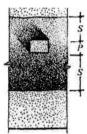

图4-24　反光及反影的效果分析

（3）高光和反高光。

建筑物上各几何形体与光线角度完全垂直的部位，由于受光充足形成高光，球体高光表现为一小块曲面，圆柱体高光是一条窄路，正方体高光是迎光的水平和垂直两个面的棱边，如图4-25（a）所示。绘画时注意高光细节的表达，能增加画面生动性。

正立面中的高光如图4-25（b）所示，凸起部分的左棱和上棱边，处于影内的棱边无高光。根据分析，反高光在物体右棱和下棱边，处于反影内无反高光。渲染高光和反高光

71

时，应在绘制铅笔底稿阶段为其留出位置。高光一般都不着色，反高光较高光暗一些，渲染阴影部分逐层进行一两遍后也要先留出其部位才能继续渲染。

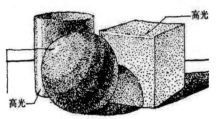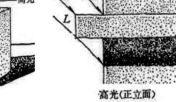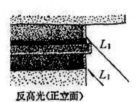

（a）球体、圆柱体、正方体的高光 　　　　（b）正立面的高光与反高光

图4-25　物体的高光

（4）圆柱体的光影分析和渲染要领。

圆柱体渲染时，首先在柱体立面图下作辅助半圆平面图，并进行等分，如图4-26所示。再根据45°直射光线分析各小段的相对明度：a——高光部位，渲染时留空；b——最亮部位，渲染时着色一遍；c——次亮部位，渲染时着色二至三遍；d——中间色部位，渲染时着色四至五遍；e——明暗交界线部位，渲染时着色六遍；f——阴影和反光部位，阴影五遍，反光一至三遍。渲染前半圆等分越细，对应柱体各部位的相对明度差别越细微，柱子的光影转折也就更为柔和。

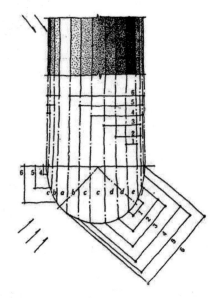

图4-26　圆柱体的光影分析

2. 运笔的方法与技巧

1）运笔的方法

渲染运笔有三种方法，如图4-27所示。

（1）水平运笔法：用大号毛笔做水平移动，适宜大面积操作。

（2）垂直运笔法：毛笔上下运笔，但距离不能过长，同一排中运笔的长短要大体一致，应避免放置过长的笔道水流急剧下淌，造成上色不均匀。运笔的速度要均匀，垂直运笔适宜图面中长条形小面积的渲染。

　　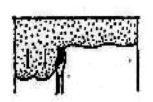　　

水平运笔　　　　　　　　　　垂直运笔　　　　　　　　　　环形运笔

图4-27　运笔的三种方法

（3）环形运笔法：环形运笔时笔触起搅拌作用，使前后上色的颜料不断均匀调和，从而产生柔和的渐变效果。

2）运笔技巧

（1）渲染前将所用颜料调稀，不可过于浓重；图板前端垫起，形成15°坡面，渲染运笔时毛笔含量要饱满，如图4-28所示。

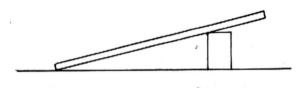

将画板略微倾斜，着色时有自然垂落的感觉。

图4-28　渲染时图板的放置方法

（2）渲染时从左至右逐层向下运笔，每层2～3cm，运笔轨迹成螺旋状，起到搅匀颜色的作用。应尽量减少笔尖与纸面的摩擦，一层画完用笔尖拖到下一层，如图4-29所示。

按等宽分层依次由上而下均匀渲染，每层的含量要饱满，使颜料形成沉淀的过程。

图4-29　渲染时的运笔方法

（3）进行渲染色块基础练习时，先用铅笔轻轻画出方框，起笔与走笔都应找齐边界。全部涂完后用挤干的毛笔浮在颜色中将最后一层水分吸干，避免最后画完的湿色向略干部分返水，成为花斑，如图4-30所示。

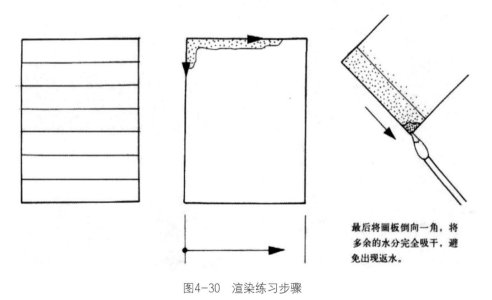

最后将画板倒向一角，将多余的水分完全吸干，避免出现返水。

图4-30　渲染练习步骤

3. 渲染的基本技法

水彩渲染的基本技法为平涂、退晕和叠加三种。渲染涂色过程利用颜色匀速沉淀，过于浓重的颜色会出现不均匀的沉淀，因此表现重色应采用叠加法，一遍色完全干透再画另一遍，通过多次叠加渲染达到预定的深度。

1）渲染技法

（1）平涂法。

常用于表现受光均匀的平面。首先根据所画面积的大小调出足量的颜色，渲染应尽量一气呵成，避免调色后的颜料搁置一段时间后发生沉淀，色彩浓度发生变化，造成色度不均。

（2）退晕法。

常用于表现受光强度不均匀的平面或曲面，如天空、地面、水面的远近变化，以及屋顶、墙面的光影变化等。如图4-31所示，一般用小玻璃杯分别调出深、中、浅三种颜色。深、浅退晕时将浅色部位朝上，如表现蓝天效果从浅蓝到深蓝。分层运笔时第一层画浅蓝，然后蘸一笔中蓝色，在浅蓝杯中搅和后画第二层，再蘸入一笔中蓝色画第三层，至中间部位的层次时，浅蓝色杯内已成中蓝色，重复这样的方法将深蓝色蘸入直到底层。色块干燥后会形成均匀的退晕过渡效果。如图4-32所示，左下、右上为单色退晕；右下为双色退晕。

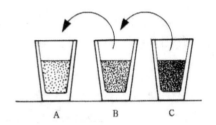

退晕时调出浅、中、深三档次的颜色，加入等量的深一档的颜色，依层递进完成从浅到深的过渡。

图4-31　退晕画法的演示

图4-32　叠加法

（3）叠加法。

叠加法常用于表现丰富的色彩层次，例如圆柱的刻画。渲染时可事先将画面按明暗光影分条，用同一浓淡的颜料平涂，分格逐层叠加。渲染前注意合理调配颜料浓度，避免渲染遍数过多，破坏纸面平整度，影响表现效果。如图4-32所示，右中为叠加画法。

2）渲染注意事项

渲染过程中，只能前进不可后退，发现前面有毛病，则要等该遍画完、干燥后，再进行洗图处理或重新再画。洗图法是先将色块四周用扁刷刷湿，再刷湿色块部分，避免先刷色块形成掉色沾在白纸上；然后用海绵或毛笔擦洗，用力不可过重，以免伤及纸面。洗图法只应用于弥补小毛病，出现较大问题时应重画。

4.3.4　水彩渲染图的表现方法步骤

1. 主要方法步骤

1）画小样、定底稿

初学者在做正式水彩渲染前应画小样底稿，确定整体画面的总色调，准确把握主体与衬景之间的关系。创作底稿的铅笔常使用H、HB。

2）定基调、铺底色

定基调的目的是确定画面的总体色调，求得画面的统一。先用较淡的底色平涂一层，然后再区分建筑物、地面、天空不同的色调和色度，如图4-33（a）所示。

3）分层次，做体积

该环节要求渲染光影效果、拉开层次、突出体积。建筑物的阴影能表现层次、衬托体积。阴影部分的渲染不宜一块一块地上色，应邻近的部分整片渲染、色调和谐，避免阴和影之间生硬的接缝。此外，阴影本身也要考虑退晕效果并符合光影关系，例如檐下阴影上浅下深，表现出檐下天花反光的影响，如图4-33（b）所示。

4）细刻画、求统一

对画面表现的空间层次、建筑体积、材料质感和光影关系作深入细微的描写，应服从整体画面的空间层次，如图4-33（c）所示。

5）画衬景、托主体

渲染最后阶段应注意整体关系协调。衬景的渲染色彩应简练，起到衬托作用，用笔不宜过碎，切不可喧宾夺主，尽可能一遍完成，如图4-33（d）所示。

上述水彩渲染步骤也可参考图4-34所示。

2. 材质的渲染与表现

材质渲染是刻画的必要过程，应特别注意局部与整体的统一协调。

1）各种砖墙

尺度较小的材料如清水砖墙面的渲染常用两种方法：一是墙面平涂或退晕渲染底色后，用铅笔画横向砖缝；二是用鸭嘴笔在墙面作水平线，线与线之间的缝隙相当于水平砖缝，主要线条表现砖的宽度。

尺度较大的砖墙面的渲染，首先应画出砖缝铅笔稿，淡淡地涂一层底色；留下高光后平涂或退晕着色；最后挑少量砖块做出砖块深浅变化，以丰富画面效果，如图4-35所示。

2）抹灰墙

抹灰墙面的渲染可用退晕的方法打破平板单调感。墙面处理可略带退晕整片渲染，表示光影透视或周围环境反光效果；较粗糙的墙面可用铅笔画一些斑点表示。

(a)

(b)

(c)

图4-33　水彩渲染图的表现步骤

(d)

图4-33　水彩渲染图的表现步骤（续）

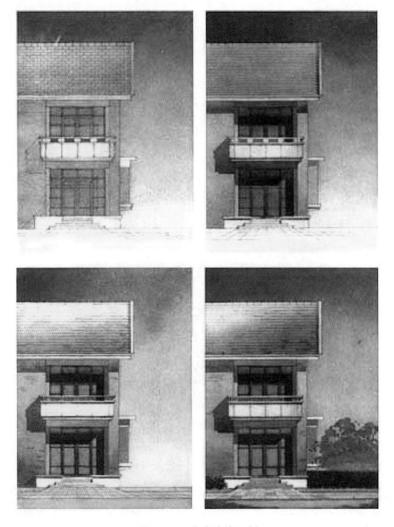

图4-34　分步渲染示例

图4-35 砖墙的细部刻画

3）碎石墙、虎皮墙、卵石墙等

此类墙体的纹路复杂多变，用铅笔先打底稿后平涂淡底色，然后可先依主次关系分块局部渲染，最后从整体关系考虑加以通体退晕。

4）屋顶

屋顶位置居高，应有较突出的虚实关系。檐口部分应加强，远离部分减弱，与亮面墙体接触部分用稍重的色彩形成对比。瓦状屋顶应重点刻画明暗交接的地带，适当画出瓦块或纹路，如图4-36所示。

图4-36 瓦屋顶的表现方法

5）玻璃门窗

玻璃门窗按照色彩属性分属于冷色调，材料质感光滑透明，是建筑墙面上"虚"的部分，与墙面、屋顶形成冷暖、虚实、体量轻重、表面平滑与粗糙等多方面对比。玻璃色调可选择蓝绿、蓝灰等蓝色调中的透明色。

渲染步骤：①作底色；②作玻璃上光影；③作玻璃光影变化；④作门窗框；⑤作门窗框阴影。渲染采用程式化手法，以垂直方向、水平方向或45°对角方向作退晕，再辅以垂直、水平方向的块状与线状的色块，充分表现玻璃的质感、光感。玻璃门窗的框架多，应细心留出高光部分，如图4-37所示。

图4-37 门的表现方法

3. 配景渲染

1）天空

天空面积较大，应为开阔、明朗的效果。渲染时选择天蓝色较多，由上至下深浅过渡，为了求其变化，可打破上下垂直关系而略呈倾斜。渲染云层时，云层边缘虚实变化的轮廓，宜采用湿画法，先用水把纸洇湿，待半干时按照云彩的态势铺色，利用纸面干湿不均的特点，使颜色自由扩散，再做调整，如图4-38所示。

图4-38 天空的渲染

2）树木

渲染树木配景首先应区分树木在构图中的远近关系。远景树用整体色块表达，同时结合干、湿画法，表现树木的稀疏起伏；表现近景树常用增加细部笔触的方法。乔木渲染的关键是树冠整体造型和中间空隙的造型处理，树冠不可呆板，间隙应注意疏密。低矮灌木成片成群，枝干可略带几笔或完全不画，主要表现灌木的整体起伏与明暗关系，如图4-39所示。

图4-39　树木的渲染

3）水面

建筑画水面渲染多为表达静水中的倒影。其主要方法是：先铺底色，待底色干燥后把建筑物的倒影没于水下，并用笔从左至右托出一些笔触，最后用橡皮擦出水面反光，如图4-40所示。

图4-40 水面的渲染

4）草地、山石

草地渲染应画大关系，表现草地层次的变化，重点部位略画一些细节，如加画树影等以增强其进深感。山石多选用灰蓝、灰紫及深褐色，渲染时应注重受光面、背光面与阴影的处理，如图4-41所示。

图4-41 草地、山石的渲染

拓展知识：中国传统色彩欣赏

中国传统色彩欣赏.pptx

思考题

1．色彩的三个属性是什么？
2．色彩关系的基本法则有哪些？
3．水彩渲染前裱纸方法及步骤有哪些？
4．水彩渲染图的表现方法步骤有哪些？

实训作业（扫码）

实训作业.docx

第5章
建筑测绘

【学习要点及目标】

◎ 了解建筑测绘的基础知识

◎ 熟悉建筑测绘工具的使用

◎ 理解建筑测绘方法及原则

◎ 掌握建筑测绘步骤

【本章导读】

　　测绘包含测量和绘图，建筑测绘是建筑设计的逆向过程，是学生认识和调查研究建筑的重要途径，有利于学生了解建筑的构成、空间、尺度和细部构造。本章使学生在熟悉建筑测绘工具和方法的基础上掌握由测绘数据转换建筑图纸的方法，通过完整的测绘图纸的绘制过程，加深对建筑基本构成认识，强化建筑认知。通过从无到有的建筑图纸内容的测量、记录、整理、绘制过程，强化学生识图、制图能力。

建筑测绘是建筑设计和风景园林设计学习的基础环节之一，属于普通测量学与工程测量学的范畴。在城乡建设应用中，测绘主要任务包括地形测绘、施工测设和变形监测三方面的内容，是记录现存建筑及园林景观的一种手段。在通常理解中，建筑及园林设计工作是由"图纸—实物"的建造过程，这一过程称为正向建造过程。而建筑测绘则是正向建造过程的逆向推导，是对已建成建筑物的资料进行反求过程，如图5-1所示。通过"实物—图纸—实物"的相互切换，矫正人们对事物直观的认识，尤其是在认识设计和思考设计时被忽略的和不容易想象到的几何空间部分。同时，对于在尺度、比例上的调整与纠正也有一定的帮助作用。

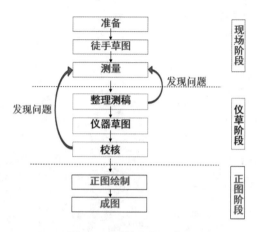

图5-1　测绘流程示意图

5.1　建筑测绘的基本知识

5.1.1　建筑测绘的概念

建筑测绘.mp4

"测绘"由"测"与"绘"两部分工作内容组成。"测"是指对实地实物的尺寸数据的观测量取；"绘"是指根据测量数据与草图进行处理、整饰并最终绘制出完备的测绘图纸。因此，测绘的主要工作内容为测量建筑物的形状、大小和空间位置，并在此基础上绘制相应的平面、立面、剖面图纸和细部大样图纸，以此作为原始资料，用于相关客体的研究评估、管理维护、保护规划、周边环境建设控制以及教育、展示和宣传等多方面。

一般情况下，建筑测绘通常被划分为"精密测绘"和"法式测绘"两种类型。其中，"精密测绘"对位于建筑不同部位的同类构件进行全部测绘，而"法式测绘"仅选择其中的代表性构件进行测绘并推及其他部位的同类构件。精密测绘对精度要求较高，需要的人力、物力、时间成本都较高，通常只用于建筑物需要落架大修或迁建时。因此，本章所介绍的测绘内容属于"法式测绘"范畴，是传统的历史建筑测绘方法，即通过使用简单的铅垂线、皮尺、竹竿或基本测量仪器，如水准仪、经纬仪、全站仪等，获取建筑构件的二维投影尺寸，然后用工程制图图样表达。图样一般包括平面图、立面图、剖面图，以及相应的轴测图、透视图、大样图等。

5.1.2　建筑测绘的意义

1.提高认识能力

通过测绘，使测绘者了解古代和近现代建筑的基本特征、常见尺寸和构造做法，从感性上加强对建筑的认知，正确理解建筑文化的地域性、民族性和时代性，从而树立正确的设计创作观。此外，通过测绘还可培养测绘者掌握建筑及园林研究的基本内容和方法，提高观察和体验建筑的兴趣和水平。

2.通过测绘留存信息

通过测绘，掌握测绘的基本方法，学习如何利用工具将建筑的信息和数据测量出来，并用建筑的专业语言绘制在图纸上，从而深入研究重要的已建成的建筑，尤其是那些无法找到基础绘图资料的古典建筑或有突出价值的近现代建筑，如图5-2所示。

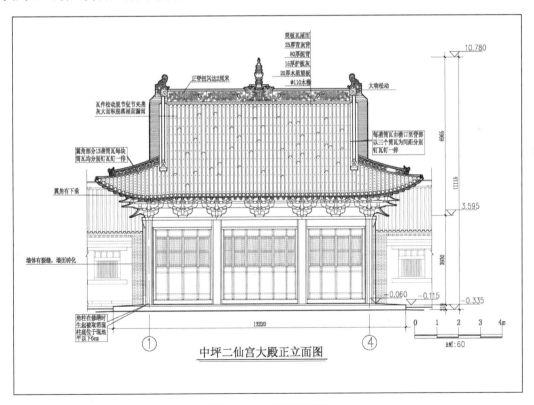

图5-2　某古建筑测绘图

3.建立尺度感

通过测绘对建筑空间常用尺寸数据形成一定的积累，从而准确认知和把握建筑及园林空间的尺度概念，建立良好的尺度感，避免因设计出过大的空间而导致浪费，也可避免因空间过于狭小而带来使用不便。

4. 提高制图和识图能力

测绘不仅能提高测绘者图样表达能力，也可提高绘图者综合运用所学的画法几何、测量学、建筑制图、建筑设计基础、建筑历史、计算机辅助设计等课程知识的技能，从而使其按照建筑制图的要求绘制出专业图纸。

5. 培养团队协作精神

一个测绘项目的完成需要多人的配合，在测绘的过程中，相互协作、配合，各司其职，对培养学生的团队精神能起到积极作用。

5.1.3 建筑测绘的目的

对于测绘技能不同的人来说，各技能阶段的测绘目的不同。

1. 初步学习阶段

通过对实际建筑的现场调查、测绘，印证、巩固和提高课堂所学理论知识，加深对建筑平面、立面、剖面的认识以及对空间、构造的理解；初步认识建筑内部空间及外部环境之间的关系。本章所介绍的内容属于此阶段范畴。

2. 设计阶段

通过测绘，收集资料，用于研究，为以后的设计工作积累经验。

3. 执业工作阶段

对新建筑建成后进行完整的测绘，比较实际施工数据与设计之间的误差，分析原因，保存技术资料。

5.2 建筑测绘工具

5.2.1 传统建筑测绘工具

测绘一般使用传统常见的工具和仪器，大致分为测量工具、辅助工具及设备、绘图工具等，在具体工作中应酌情选用。

1. 测量工具

1）测量距离的工具

测量距离时，通常根据所测物体的尺寸大小，可选用的工具有：30m钢卷尺、3m或5m钢卷尺、30cm或50cm钢直尺、钢角尺、皮卷尺、卡尺等，如图5-3所示。

图5-3 钢卷尺

2）确定垂直度与水平度的辅助工具

在测量建筑物及其构件的垂直度或水平度时，可选用垂球、细线、水平尺等工具进行精确测量，如图5-4、图5-5所示。

图5-4 垂球 　　　　　　　　　　　　　　　图5-5 水平尺

3）测量方位的工具

在确定建筑物位置及其用地位置时，可使用指北针精确定位，如图5-6所示，使用时应注意现场铁质物体的干扰。

2. 辅助工具及设备

在测绘外业过程中，一般还需选用相应的辅助工具及设备，为测绘工作"保驾护航"。常见的辅助工具及设备如下。

1）摄影工具

通常选用数码照相机拍摄现场照片，为后期资料收集和复核提供直观的依据和考证。

2）登高工具

建筑物通常尺度较大，很多部位超出正常人体身高可及的范围。因此，在必要时应使

图5-6 指北针

用梯子、脚手架等登高辅助工具，为测量建筑较高部位提供安全稳固的工作平台。

3）拓印工具

在一些古建筑测绘中，可选用复写纸和宣纸拓印某些构件的纹饰、题字、花纹。

4）安全设备

根据所测主体的难易程度及危险程度，合理选用安全帽、保险绳、保险带等安全装备，充分确保人身安全。

3. 绘图工具

绘图工具是指在现场绘制测绘草图及标注测量数据的工具。因此，在工具选择时，应保证所用工具的便携性、易用性、适用性。常用的现场绘图工具包括便携式绘图板、坐标纸、草图纸、各色绘图笔、直尺、圆规、三角板等，如图5-7所示。

图5-7　绘图工具

5.2.2　现代建筑测绘工具

近年来测绘工具的更新与改进越来越广泛。一些测量工具及仪器，充分整合现代化技术手段，将激光、超声波、数字化技术等应用于传统的测绘工作中，大大减轻了测绘工作者的劳动强度，提高了测量数据的精确性和共享性。

仪器测绘目前主要的功能方向为高程、大地信息、立面或三维形体测绘、变形测绘等。其最大的优点在于能够真实地反映测量对象的现状形态，在大体量建筑、立面、装饰性构件的测绘中具有优势。现阶段常用的现代测量仪器有手持激光测距仪（见图5-8）、电子全站仪（见图5-9）、自动安平激光标线仪（见图5-10）、三维激光扫描仪（见图5-11）、GIS系统（地理信息系统）等。

图5-8 手持激光测距仪

图5-9 电子全站仪

图5-10 自动安平激光标线仪

图5-11 三维激光扫描仪

测绘前期应根据测绘对象大小及工作计划，准备相应的测绘工具和仪器，如图5-12所示。

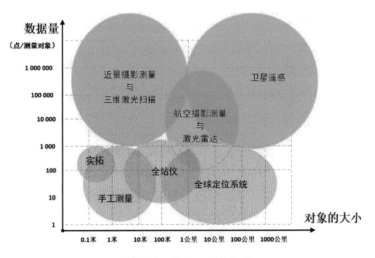

图5-12 测绘工具的选择

5.3 建筑测绘方法及原则

5.3.1 建筑测绘方法

现阶段建筑测绘的主要方法与专业器材设备有关，通常可分为两种：一种是传统手工尺规法，即利用常用测量工具进行的测绘工作，也称"接触式测绘"；另一种是随着测量学学科的发展而出现的仪器测绘法，也称"非接触式测绘"。两者的主要区别在于其测绘成果目的不同。前者是基于应用和资料留存；后者是作特定研究方向使用，如对建筑单体、城市街道空间进行模数研究等。本章介绍的内容属于"接触式测绘"。

5.3.2 建筑测绘原则

建筑测绘应把握以下原则：

（1）必须忠实地记录测量的建筑，切忌主观设计；

（2）辩证对待测量建筑的施工误差和历史变更；

（3）可以有不同的精度标准，允许有误差，但不允许有错误；

（4）测量方案合理，记录完整准确，图纸表达正确清晰。

5.4 建筑测绘步骤

建筑测绘应按照先整体后局部、先内部后外部、先平面后立面的流程。下面以某学校教学楼为例，详细介绍单体建筑测绘的工作步骤。

5.4.1 前期准备

1. 测绘的分工与组织

现场测量和绘图一般以"组"为单位，通常每组4～6人。组长负责安排每位小组成员的工作内容，控制小组测绘工作的进度，协调平衡小组成员的工作量。其次，组内分工至少应分为两种：跑尺和记数（兼绘制草图）。

2. 熟悉待测主体

无论是单体建筑还是园林景观，在具体着手测绘前踏勘现场是必须的。通过必要的前期现场踏勘，可以确认测绘的工作范围，了解待测主体的复杂程度，确认测绘时是否能够安全到达所有应该到达的部位，以准备相应的攀爬设备及安全措施等。就单体建筑而言，可以了解待测建筑的外观造型、内部空间流线组织及房间构成、构造大样做法及周边环境设施等内容；针对园林景观而言，可以了解待测园林的总平面布局、场地高差、水面及重点景观位置、道路等级划分及树种选择等内容。

待测建筑实景如图5-13、图5-14所示。

图5-13　待测建筑实景1

图5-14　待测建筑实景2

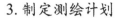

3.制定测绘计划

根据待测主体的复杂程度、工作条件、人员配备等因素，综合确定测绘工作的总体时间安排和各个工作环节的进度安排。同时思想和心理方面还应做好准备：安全第一、听从指挥、团结协作、严谨求实。

5.4.2 绘制草图与测量

1.绘制草图

通过现场观察、目测或步量，徒手勾画出建筑的平面、立面、剖面和细部详图，清楚地表达出建筑从整体到局部的形式、结构、构造节点、构件数量及大致比例。测量草图是日后绘制正式图纸的依据，是第一手资料，因此其准确性和完整度是最终测绘图纸可靠性的根本保证。可以在草图纸或速写本上将待测主体的平面图、立面图等图样逐一绘出，要求比例适中、比例关系基本准确、线条清晰、线型区分。同时，一些必要的细部也要绘出。各图样草图如图5-15~图5-17所示。

全部草图绘制完成后，应集中对所有图纸进行一次全面的检查和核对。将草图与待测主体进行对比，确定草图没有遗漏和错误之后，方可进行下一阶段的数据测量工作。

绘制草图的工具包括：速写本或拷贝纸、铅笔、橡皮、画夹或画板等。铅笔宜选择HB型号，软硬适中。纸张可采用有刻度的坐标纸，通常情况，幅面以A3为宜，太大会造成外业作业携带不便，太小则会细节表达不清。

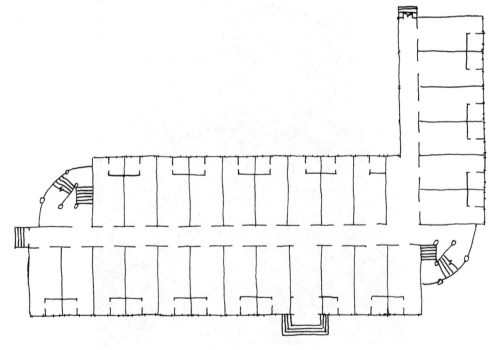

图5-15 平面测绘草图

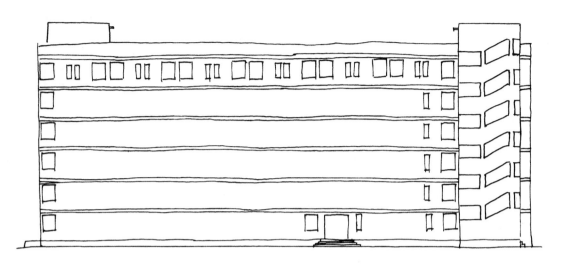

图5-16 立面测绘草图

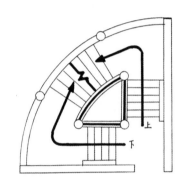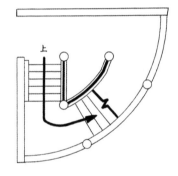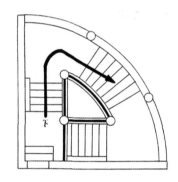

图5-17 楼梯细部测绘草图

2. 量取尺寸数据

大部分建筑测绘只需要皮卷尺、钢卷尺、卡尺或软尺就可以测出所有单体建筑的测绘图样。测绘时最重要的是先确定轴线尺寸，之后单体建筑的一切控制尺寸都应以此为根据。确定轴线尺寸后，再依次确定雨篷、台阶、室内外地面铺装、山墙、门窗等的位置。此外，还可使用激光测距仪，其优点是数据准确，使用方便，并且能测到一些因条件限制而人无法站立和抵达的点的距离。

测量工作过程中，量取数据和在草图上标注数据需要分工完成，将各图样所需要的数据同时测出，并准确标注在草图的相应位置。测量过程中，应把握"先测大尺寸，再测小尺寸"的原则，从而避免误差的多次积累。测量工具应保证摆放正确，测量水平距离时，工具应保持水平；测量高度时，工具应保持垂直；如使用的是软卷尺，应保证尺身充分拉直，并尽量克服尺身由于自身重力下垂或风吹动而造成的误差。读取数据时，应保证视线与刻度保持垂直，测量单位统一为毫米（mm）。

标注原始测量尺寸的平面图如图5-18所示，立面图如图5-19所示。

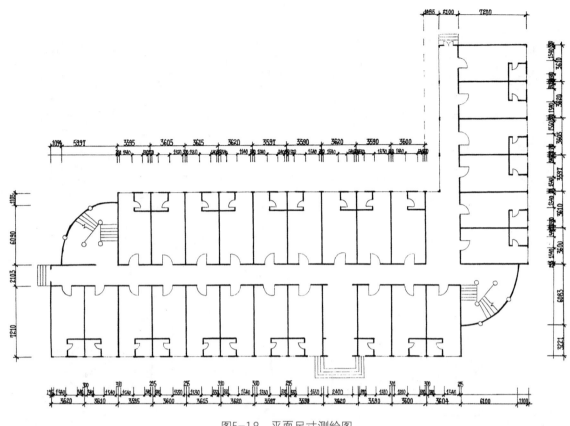

图5-18　平面尺寸测绘图

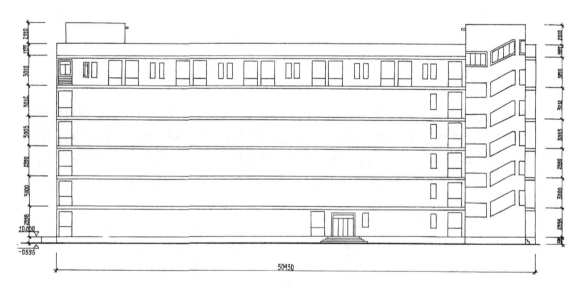

图5-19　立面尺寸测绘图

3.尺寸调整

一般情况下，在完成测量相关数据后，应通过以下几个方面对数据进行核算和处理。

（1）尺寸是否符合建筑模数。建筑施工时所依据的图纸尺寸一般是符合建筑模数的，但由于误差及粉刷层等原因，所测得的尺寸往往与理想数值有一定误差。这就需要对测量所得的尺寸进行处理和调整，使之符合建筑模数标准。调整原则是尺寸就近取整，例如测得实际尺寸为1824mm，则该尺寸应被调整记录为1800mm。

（2）尺寸是否前后矛盾。应复核各细部尺寸之和是否与轴线尺寸相符；各轴线尺寸之和是否与总轴线尺寸相符。如果不相等或误差过大，应检查误差出处，必要时相关数据应重测。

（3）有无漏测尺寸。检查各部位有无漏测尺寸（尤其是关键尺寸），一旦发现，应补测，或通过其他相关数据推算得出。

图5-18经过尺寸调整后的平面图如图5-20所示。图5-19经过尺寸调整后的立面图如图5-21所示。

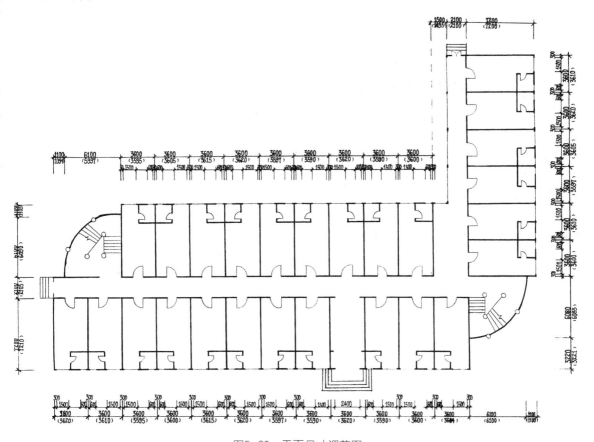

图5-20　平面尺寸调整图

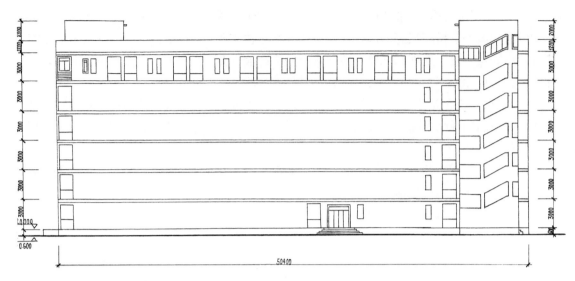

图5-21　立面尺寸调整图

5.4.3　测稿整理与正图绘制

图纸是测绘工作的最终成果和体现，通过绘制图纸可以加深对工程制图规范及要求的掌握，并进一步理解二维图纸与三维建筑空间的对应关系。

测量外业工作完成后，即进入后期资料整理与正式测绘图纸绘制阶段。本阶段应将记录有测量数据的测稿草图整理成具有合适比例、线条准确清晰的工具草图，作为绘制正式草图的底稿。最后进入测绘工作的最后一个阶段——正图绘制阶段，作为最终的测绘结果。

1. 建筑测绘的内容

建筑测绘正式图纸一般包含以下几个方面的内容。

1）总平面图

总平面图是研究建筑及园林景观的重要基础图纸，反应建筑物的位置、朝向及其与周围景观环境的关系。总平面图的比例一般为1∶500，用地规模较大可使用1∶1000的比例，规模较小可使用1∶300的比例。

总平面图中应表达的内容包括：用地范围、建筑物位置、面积、层数及设计标高；道路及绿化布置；指北针或风玫瑰图；技术经济指标等。此外，复杂地形还应标明竖向尺寸、建筑物周边自然环境与人工环境以及构筑物信息。

总平面图信息详细程度主要根据建筑及园林测绘的目的而定。一般情况下，当测绘主体为单体建筑时，总平面图中表达出建筑物周边的基本环境信息即可；当测绘主体为园林景观时，总平面图应尽可能比较清晰、完整地表达出园林各类详细信息，如图5-22所示。

2）建筑平面图

建筑平面图中应表达的内容包括：建筑的长宽总尺寸；纵横墙的位置（轴线位置）；

门窗位置；房间的形状、位置及交通联系；楼梯的位置；固定设备（如卫生间、设备机房等）；图名、比例尺；剖切位置等。

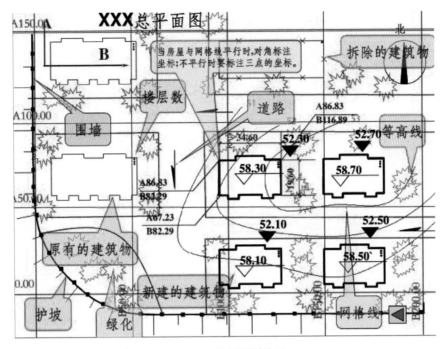

图5-22 总平面测绘图

3）建筑立面图

建筑立面图中应表达的内容包括：建筑整体外轮廓，线条划分及造型设计；室内地坪、室外地坪、檐口、屋顶最高点等标高尺寸；门窗的尺寸及位置；墙面材料；女儿墙、勒脚、雨篷等构件。

4）剖面图

剖面图中应表达的内容包括：墙体、地面、楼面、门窗、屋顶、梁柱等的位置及其交接关系；尺寸包括高度尺寸（以mm为单位）、标高尺寸（以室内地坪为±0.000）、宽度（或深度）尺寸；图名、比例尺等。

建筑平面图、立面图、剖面图的形成原理及表示内容如图5-23所示。

2. 绘制图纸的基本要求

初学者在下笔绘制正式图纸前，应根据测绘对象的体量和A3纸幅面的大小，从整体入手，合理控制画面上建筑边界的大小。如果画面过大，就会造成图样多页分布，为标注尺寸和查阅数据徒增不便；反之，画面过小，则各部分要素的外形轮廓及其交接关系就表达得不清爽醒目，标注尺寸也无法从容有序。

（1）合理组织构图，图面大小合宜，并为尺寸标注留出空白。

（2）数据准确完整，图面表达清晰正确。

（3）绘图比例正确，有必要的表达深度。

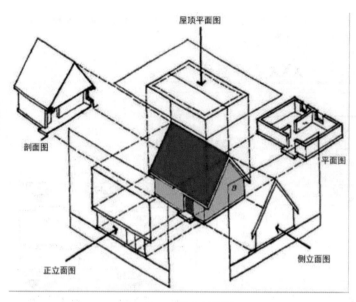

图5-23　建筑各投影图

3. 图纸绘制的画法及步骤

正式测绘图的详细绘制方法参见本书第3章（3.3.3 建筑工程图纸的绘制）和第2章（2.3 建筑配景）的相关内容。完成上述各个步骤，完成正式测绘图，如图5-24、图5-25所示。

5.4.4　测绘作品赏析

1. 南京市"熙湖里29号"测绘

图5-26（1）测绘成果（图纸来源：南京林业大学，王涵钦绘制）

图5-26（2）测绘成果（图纸来源：南京林业大学，王涵钦绘制）

图5-26（3）测绘成果（图纸来源：南京林业大学，王涵钦绘制）

图5-26（4）测绘成果（图纸来源：南京林业大学，王涵钦绘制）

图5-26（5）测绘成果（图纸来源：南京林业大学，王涵钦绘制）

南京市"熙湖里29号"测绘.pdf

2. 南京市玄武湖盆景园测绘

图5-27（1）测绘成果（图纸来源：南京林业大学，邢舟绘制）

图5-27（2）测绘成果（图纸来源：南京林业大学，邢舟绘制）

图5-27（3）测绘成果（图纸来源：南京林业大学，邢舟绘制）

图5-27（4）测绘成果（图纸来源：南京林业大学，邢舟绘制）

图5-27（5）测绘成果（图纸来源：南京林业大学，邢舟绘制）

图5-27（6）测绘成果（图纸来源：南京林业大学，邢舟绘制）

图5-27（7）测绘成果（图纸来源：南京林业大学，邢舟绘制）

图5-27（8）测绘成果（图纸来源：南京林业大学，邢舟绘制）

南京市玄武湖盆景园测绘.pdf

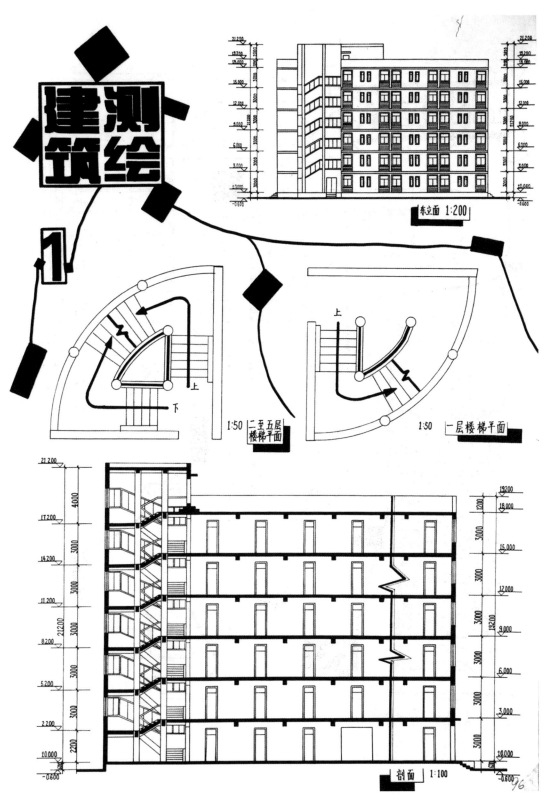

图5-24　测绘成果1

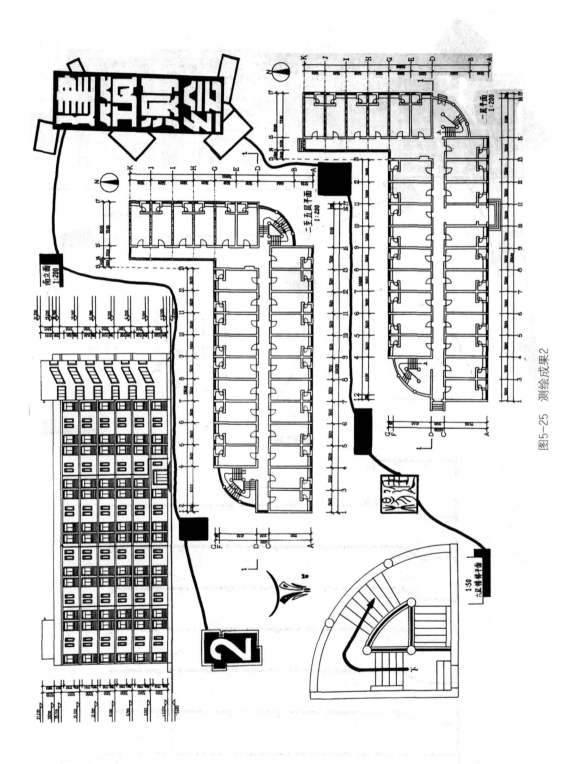

图5-25 测绘成果2

思考题

1. 建筑及园林测绘的意义及目的是什么?
2. 建筑及园林测绘图纸一般由哪些图样组成?
3. 简述常用测绘工具的种类及其各自的使用注意事项。
4. 分组测绘校园中某中小型单体建筑,并绘出详细的测绘图纸。

实训作业(扫码)

实训作业.docx

第6章
建筑模型制作

【学习要点及目标】

◎ 了解不同比例、不同类型的建筑模型表达的意义

◎ 掌握不同工艺的建筑模型制作流程及方法

【本章导读】

建筑模型制作是建筑设计重要的环节之一，它贯穿整个建筑方案的推敲过程，设计师通过不同比例、不同精度、不同表现侧重点的模型，深入讨论方案，传达设计方案理念。

本章从建筑模型历史沿革导入，阐述建筑模型制作的目的和意义，分类介绍不同比例模型制作表现的侧重点。然后从实践操作角度出发，介绍模型制作工具的使用、模型制作步骤及模型制作技巧。最后综合概览模型制作实例。从概论到实战，先分解再综合，让学生迅速上手，有章可循。

第6章建筑模型制作具体内容见下方二维码。

建筑模型概述.pdf

第7章
构成基础知识

【学习要点及目标】

◎ 了解构成定义和学习目的

◎ 掌握平面和立体构成的形态要素

◎ 掌握构成中的基本形和骨骼

◎ 掌握立体构成的基本方法

【本章导读】

　　平面构成、立体构成是理性艺术设计的基础。本章系统讲述构成的形态要素、构成的基本形、骨骼和基本方法，让学生掌握一种新的、理性的、科学的规律，形成将视觉美学建立在科学基础上的理论认知。同时配套相应的系列实训，包括点、线、面、体、曲、直、肌理、色彩的认知与构成，培养并提升学生创造新造型及创造性思维能力。本章内容的学习对学生构建空间形态意义重大，有助于培养学生基本的三维空间组织能力与审美能力，为后续的建筑设计奠定基础。

7.1 构成概述

7.1.1 定义

构成就是把要素打碎进行重新组合。——康定斯基

构成创作的文法要素是有关韵律、比例、亮度和虚的空间等法则。造型中的美是在变化和统一的矛盾中寻求既不单调又不混乱的某种紧张而调和的世界。——格罗皮乌斯

构成作为一种现代造型概念，其概念发端于"包豪斯设计学院"，发展于二十世纪六七十年代。构成就是将一定的形态元素，按照视觉规律、力学原理、心理特性、审美法则进行创造性的组合，重新赋予秩序，其核心是"要素重新组合"。

根据研究对象的区别，习惯上把构成分为平面构成、立体构成和色彩构成。在三大构成中，平面构成和立体构成的独立性较强，而色彩构成与前两者在内容上存在着很大的重叠性和重复性。色彩构成可以理解为平面构成的一个分支，即在统一的原则、方法的基础上增加色彩叠加、色相对比、色度推移、明度推移等更加专门的色彩知识。因此本章只重点介绍平面构成与立体构成部分相关内容，省略色彩构成部分。

7.1.2 学习构成的目的

建筑设计类专业的学生为什么要学习构成？因为空间、形体以及色彩、肌理等不仅是建筑存在的物质表现，也是建筑艺术的重要特征。其一，如果没有建筑的形体与空间，建筑就无法实现其使用上的功能，从而失去了存在的意义；其二，就建筑艺术而言，如果脱离开形体和空间等表现手段，其艺术创作便失去了具体的依托。因此对形体、空间的表现，乃是建筑艺术中最为基本的语言。构成的学习，就是从抽象化的点、线、面、体开始的，以基本形为基础，通过各种"构形"方法对"形"进行重新设计，创造出新"形"，从而培养学生的审美能力和造型能力。

7.2 平面构成

平面构成是将既有的形态，在二维的平面内，依照形式美的法则和一定的秩序进行分解、组合，从而创造出全新的形态及理想的组合方式、组合秩序。

形式美的法则——多样统一，简单说就是在统一中求变化，在变化中求统一。"多样"是整体各个部分在形式上的区别与差异。"统一"则是指各部分在形式上的某些共同特征以及它们之间的某种关联、响应、衬托的关系。任何造型艺术，都由若干部分组成，这些部分之间应该既有变化，又有秩序。如果缺乏多样性的变化，则势必流于单调，而缺乏和谐与秩序，又显得杂乱。由多样统一这个基本的美学原则产生出对比、均衡、统一、节奏、韵律、比例等构成的基本规律。

7.2.1　平面构成的形态要素

平面构成的基本形态要素是点、线、面。

1.形态要素之"点"

几何学中把没有长、宽、厚而只有位置的几何图形称为"点"。在平面构成中，点可以具有任何形状，相对而言，越小的形体越能给人以点的感觉。

平面构成–点.mp4

点具有多种视觉特征：简洁、生动、有趣。点的集合会吸引视线；点的密集会产生面的感觉；大小不同的点摆在一起会有空间深度的感觉；大小一致的点按照一定的方向有规律地排列，给人以线的感觉；点的大小排布会产生曲面的效果，如图7-1所示。

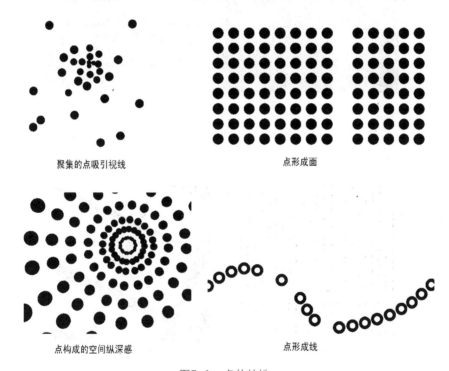

聚集的点吸引视线

点形成面

点构成的空间纵深感

点形成线

图7-1　点的特性

拓展知识7-1：平面构成中点的构成

2.形态要素之"线"

线在几何学上指一个点任意移动所构成的图形，有直线和曲线两种。在平面构成中，线既具有长度，也具有一定的宽度和厚度。

平面构成——点.pptx

线同样具有多种视觉特征：直线偏静态、理性；水平线平和、安宁；垂直线硬挺、庄重；曲线柔美、自由；斜线运动、速度感。如图7-2左所示为香港中银大厦，在设计时使用斜线组成四组三角形，每组三角形的高度不同，"节节高升"，象征了力

平面构成–线.mp4

量、生机、茁壮和锐意进取的精神；图7-2右上所示为中国国家大剧院，主体形状为半椭球形，平静水面上的优美曲线体现出传统与现代、浪漫与现实的结合；如图7-2右下所示为人民大会堂正门，十二根大理石门柱形成的垂直线条与建筑檐口的水平线条体现出庄严雄伟，壮丽典雅的建筑风格。

图7-2　线的视觉特性

等距离密集排列的线形成面的效果；不同粗细、疏密变化的线可以产生空间透视感觉；线的排列还可以制造立体效果等，如图7-3所示。

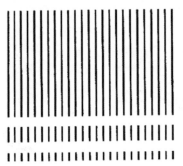

等距排列的线生成面

变化的线产生空间透视感

线的立体效果

图7-3　线的特性

3. 形态要素之"面"

平面构成——线.pptx

面在几何学上指线移动的轨迹，也可以是点的密集。面可以分
为规则面和不规则面。规则面包括圆形、方形、三角形等几何图
形。圆形、方形这两种面的相加和相减，可以构成无数多样的面；
不规则的面是由曲线、直线围成的复杂的面。

平面构成-面.mp4

面呈现出充实、厚重、整体、稳定的视觉效果。不同类型的面
有不同的语言，几何形的面表现出规则、平稳、较为理性的视觉效
果；不规则的面给人以更为生动、抽象的视觉效果。如图7-4所示为罗马万神庙，使用了
三角形、圆形、矩形等规则的几何形面，表达出庄严、肃穆的建筑气质。如图7-5所示为
毕尔巴鄂古根海姆博物馆，使用了不规则的面，表达了建筑前卫、大胆、灵动的风格。

图7-4　罗马万神庙

图7-5　古根海姆博物馆

拓展知识7-3：平面构成中面的构成

7.2.2 构成中的基本形和骨骼

平面构成——面.pptx

1. 基本形

基本形是指构成图形的基本元素单位。一个点、一条线、一块面都可以成为基本形元素。基本形的设计应简练，以免由于构成形式本身的丰富多样而使画面过于复杂烦琐。

基本形的产生有下面几种方式。

（1）几何单形的相互构成：它是以圆形、方形、三角形为基本形体，将它们分别以分离、接触、复叠、透叠、连接、减缺、差叠、重合等形式，构成不同形象特点的造型。如图7-6所示是以方形为例，表示几何单形的构成。

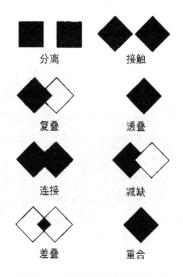

图7-6 几何单形的相互构成

（2）分割所构成的形体：对原形进行分割产生子形，将子形重新组合后产生新形，包括等形分割、等量分割、比例数列分割和自由分割四种形式，如图7-7所示。

（3）自然形单形的构成：把自然物的基本形以真实、自然、概况的形式表现出来。

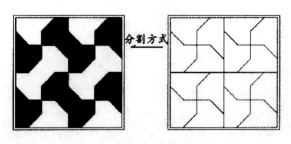

平面等形分割图示

图7-7 分割形式

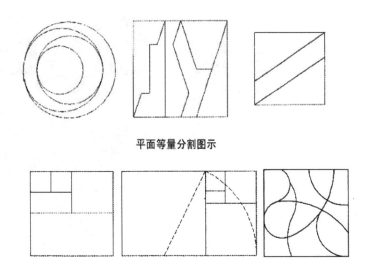

平面等量分割图示

以黄金比为基础的分割形式　　　平面自由分割图示

图7-7　分割形式（续）

2. 平面构成的骨骼

任何平面设计都是依照一定的规律将基本形进行编排组合构成的，这种管辖形象的方式就称为骨骼，如图7-8所示。平面构成中，骨骼是支撑构成形象的最基本的元素，经过人为的构想可使形象有秩序地排列在宽窄不同的各种框架空间中：把基本形输入到设定的骨骼中进行不同的编排即可。骨骼在构成设计中起到编排形象（固定基本形的位置）和管辖形象（分割画面）的作用，如图7-9所示。

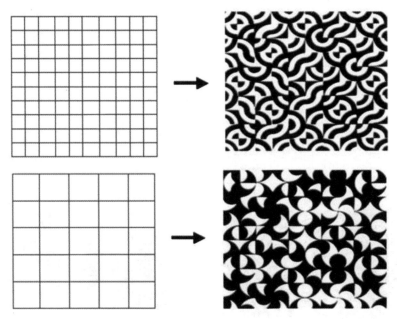

图7-8　平面构成中的骨骼

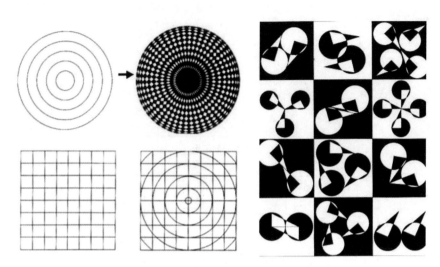

图7-9　骨骼在平面构成中的编排和管辖作用

骨骼分为规律性、非规律性、有作用性和无作用性几类。

1）有规律性骨骼

有规律性骨骼是由严谨的数学方式构成的。这些骨骼是呈重复、渐变及发射形式的。它们包括一些骨骼点和骨骼线，以引导形式进行编排。规律性骨骼有水平线和垂直线两个主要元素。若将骨骼线在其阔窄、方向或线质上加以变化，可以得出各种不同的骨骼排列形状，如图7-10所示。

2）非规律性骨骼

非规律性骨骼没有一定的规律，它由规律性骨骼随意而自由地衍变而成，随作者在一定的平面框架内进行划分，因此它具有极大的任意性和自由性。例如，特异是规律中的突破，对比是虚实布局，密集是疏密的编排，这些都属于非规律性骨骼的法则。特异，在构成设计中能消除单调感，造成动感及增添趣味。对比骨骼纯属非规律性。密集构成设计中，没有秩序井然的骨骼线，没有指定的位置，是自由决定的，如图7-11所示。

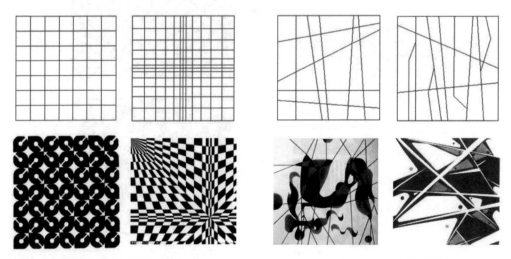

图7-10　有规律性骨骼　　　　　　　　图7-11　非规律性骨骼

3) 有作用性骨骼

骨骼线将画面面积分割成若干具有相对独立性的骨骼单位, 形成多元性的空间。基本形移出骨骼单位便受到分割。在这种骨骼里, 基本形不一定被固定在每一个骨骼单位中, 且基本形的数目及方向在每一骨骼单位中均可变化。但完成后的画面必须能显示出骨骼线的存在, 如图7-12所示。

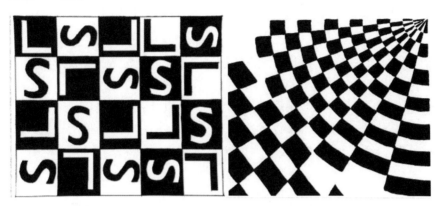

图7-12 有作用性骨骼

4) 非作用性骨骼

非作用性骨骼中, 骨骼只决定基本形的位置, 骨骼线不构成独立的骨骼单位。完成后的画面不会显示出骨骼线。有时在设计中, 开始可能并不想去运用骨骼, 但在进行组织时, 就会不知不觉地运用骨骼。一个非作用性骨骼包含纯粹概念上的产物, 它不会影响基本形的形状, 也不可分割空间, 如图7-13所示。

图7-13 非作用性骨骼

7.2.3　平面构成的形式

平面构成的骨骼.ppt

常用的平面构成形式有重复、渐变、特异、对比、近似、对称、发射、密集、肌理、图底关系等。

1. 重复形式

重复是指统一形态连续、有规律地反复出现。重复的视觉效果是使形象秩序化、整齐化、和谐而富于节奏感。

重复这种构成形式在设计应用中极其广泛，给人以壮观、整齐的美，如建筑立面上整齐排列的窗户、阳台、室内地面的瓷砖等。以一个基本单形为主题在基本格式内重复排列，排列时可作方向和位置的变化，产生强烈的形式美感，如图7-14所示。

2. 渐变形式

渐变是指基本形在循序渐进的变化过程中，呈现出阶段性秩序的构成形式，反映出运动变化的规律，如图7-15所示。

图7-14　重复

图7-15　渐变

3. 特异形式

特异是指在有序的关系中，有意违反秩序，使得少数个别要素显得突出，从而打破规律性的构成手法。特异在视觉上容易形成焦点，打破单调的局面，表达的是"万绿丛中一点红"的意境。在使用特异的构成手法时应注意特异成分在构图中的比例控制，如图7-16所示。

4. 对比形式

对比是指形象与形象之间，形象与背景之间存在着明显的相异之处，在相互对照中显示或突出各自特性。对比有程度之分，轻微的对比趋向调和，强烈的对比形成视觉的张力。对比手法在使用时应注意统一的整体感。图7-17所示为直线与曲线、细线与粗线等产生的对比。

图7-16　特异

图7-17　对比

5. 近似形式

近似是指有相似之处的形体之间的构成。平面构成的近似可以是形状、大小、色彩、肌理等的近似。

"远看如出一辙，近看千变万化"，有相似之处的形体在于"变化"于"统一"之中进行组合，是近似构成的特征。近似手法在使用时应注意掌握好形与形的相似程度，如图7-18、图7-19所示。

图7-18　近似1

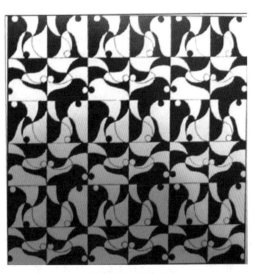

图7-19　近似2

6. 对称形式

对称分为轴线对称与中心对称。对称形比较适合表现明快统一、井然有序的感觉，虽然缺乏动感和立体感，但安定、庄严、稳定，如图7-20所示。

7. 发射形式

发射是一种特殊的重复或渐变。其特征有两点：第一，发射必须有明确的中心并向四周扩散或向中心聚集；第二，发射有一种空间感或光学的动感，以一点或多点为中心，呈向周围发射、扩散等视觉效果，具有较强的动感及节奏感，如图7-21所示。某些以一点为中心的发射也是中心对称的一种。

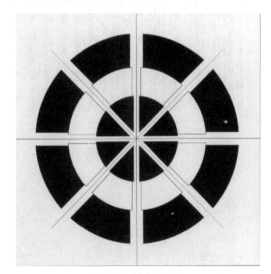

图7-20　中心对称

图7-21　发射

8. 密集形式

数量众多的基本形在某些地方密集起来，而在其他地方稀疏，聚、散、虚、实之间常带有渐移的现象就是密集。最密的地方和最疏的地方常常成为整个视觉设计的焦点。密集手法在使用时应注意，密集的基本形面积较小、数量较多才有效果，如果基本形大小差别太大就成为对比形式，如图7-22所示。

9. 肌理构成

"肌"可以理解成原始材料的质地，"理"可定义为纹理起伏的编排。肌理就是物体的色泽、质地、纹理的编排，如图7-23所示，干涸的大地、车轮碾过的痕迹，都是具有美感的肌理。

肌理一般分为视觉肌理和触觉肌理。视觉肌理是指物体表面特征的描述，一般是用眼睛看，而不是用手触摸的肌理，如图7-24所示。"形"和"色"是视觉肌理构成的重要因素。肌理的表现手法有多样，如用铅笔、钢笔、毛笔等都能形成各自独特的肌理痕迹；也可以用画、喷、洒、浸、染、淋等手法制作。使用的材料也很多，如木头、石头、玻璃、油漆、纸张等。用手抚摸有凹凸感的肌理为触觉肌理，如图7-25所示。光滑的肌理给人以细腻、滑润的手感，木质、岩石的肌理给人以纯朴、无华的感觉，使人恬静。

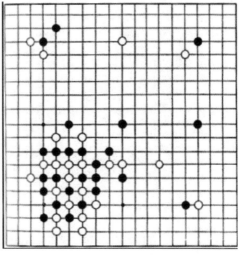

图7-22 密集

图7-23 肌理

10. 图底关系

通常把平面上完整的形象称之为"图"，图周围的空间称之为"底"，"图"与"底"共存。通常在视觉上有凝聚力、前进性的"形象"，容易成为"图"；相反起陪衬作用，具有后退感，依赖图而存在的部分称为"底"。"图"与"底"的关系是辩证的，两者常可以互换。无论是西方的鲁宾杯还是中国的太极图，都包含了这种图底关系的辩证思想，如图7-26所示。图7-27所示为城市规划的建筑实体空间与广场、道路空间互换的图底关系。

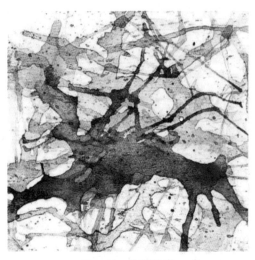

图7-24　视觉肌理

图7-25　触觉肌理

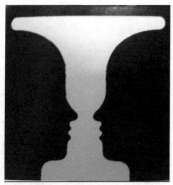

鲁宾杯

阴阳互易——太极图

图7-26　图底关系

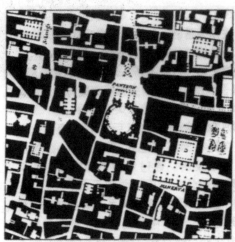

意大利罗马的图底关系图

意大利坎坡广场土地关系图

图7-27　城市中的图底关系

7.2.4 平面构成作品分析

1. 实例：圆形、矩形

基本类型：线、面构成。

基本单元：圆形、矩形。

基本方法：形的分割与叠加。

特点分析：将圆形与矩形按45°和135°方向进行交叉分割，并按一定规律进行位移，然后使两者分割后形成子形叠加。构图注意了两者之间的大小及疏密对比，整个图形表现出明显的韵律感。同时，分割后的圆形位移有度，基本保持了圆形的特点，从而形成图面的统摄主体，对稍显无序的几块矩形具有一定的控制力，如图7-28所示。

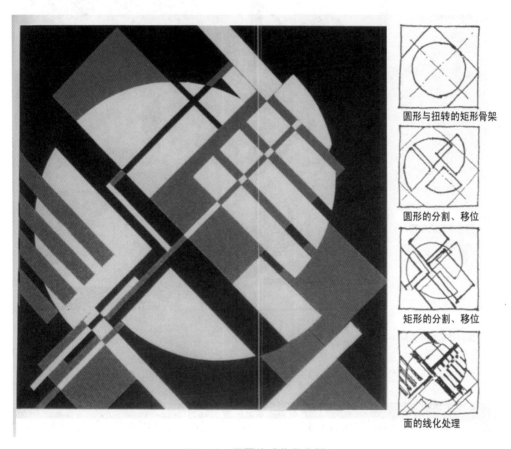

图7-28 平面构成作品分析1

2. 实例：三角形

基本类型：线、面构成。

基本单元：三角形。

基本方法：形的划分及单元的重复和变化。

特点分析：首先将正方形划分成以对角线为界的四个直角等腰三角形。将对角线形成的×状骨架作为该作品的基本架构。以此为基础，将若干大小不等的等腰直角三角形加入其中，并采用消减、叠加等手法，一定程度上减弱×状骨架的呆板、单调的感觉，并注意调整三角形分布的大小、疏密关系。同时通过对位关系，再现了方形在其中的存在。对图形外框的绘制，进一步强调了方形的存在。作品中色块的运用也使得对形的解读出现多义性，是丰富形式的另一手段，如图7-29所示。

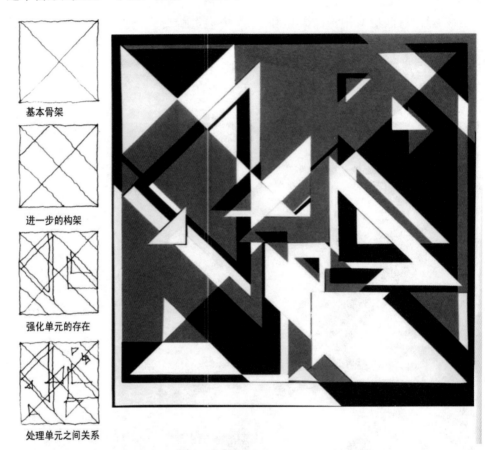

图7-29　平面构成作品分析2

7.3　立体构成

立体构成是研究三维形态创造规律的造型基础学科。它是指使用各种基本材料，将造型要素按照形式美的原则，进行分解、抽象与重组，从而创造新的立体造型的过程。

7.3.1　立体构成的形态要素

点、线、面、体是立体构成的形态要素。立体构成中的点、线、面、体处于相对连续、循环的关系。例如"点"按一定方向

立体构成的构成要素.mp4

连续下去，就会变成"线"；把"线"横向排列又会变成"面"；把"面"堆积起来就成
为"体"。"体"也是相对的，例如一幢幢建筑是体，但站在整个城市角度看却只能是
"点"，如图7-30所示。

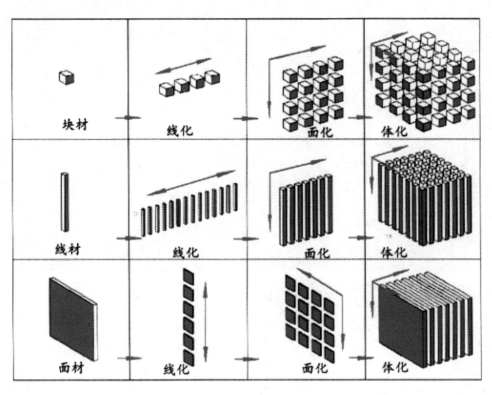

图7-30 三维空间中点线面体的相互转化

立体构成中的"点"是平面构成中"点"的三维化，点材一般要和线材、面材和块材
一起构成立体造型。线以长度单位为特征，有空间感和较强的表现力，犹如人的骨骼。面
是指面积比厚度大得多的材料，具有延伸感和充实感，犹如人的皮肤。块则指具有长、
宽、高三度空间的量块实体，具有体量感的造型形式，视觉效果很强，犹如人的肌肉。

7.3.2 立体构成的基本方法

立体构成常用的基本方法按照构成材料的形状分为线材构
成、面材构成、块材构成和综合构成。

立体构成的基本方法.mp4

1. 线材构成

在实际生活中，线材包括硬线材和软线材。硬线材有木材、塑料、金属等条状材料。
软线材则有棉、麻、化纤以及可以弯曲的金属线等。

线材构成的特点是，它们本身没有表现空间和形体的能力，而是需要通过线群的集聚
和框架的支撑才能形成面的效果，进而形成空间形体。其表现特点是通过线群的集聚和线
之间的间隙表现出不同的线群结构，利用线群的表现效果及网格的疏密变化产生节奏韵

律。在进行线材构成时应注意所选线材的形状与材质、线材之间的空隙安排，以及线材节点的选择，如图7-31所示。

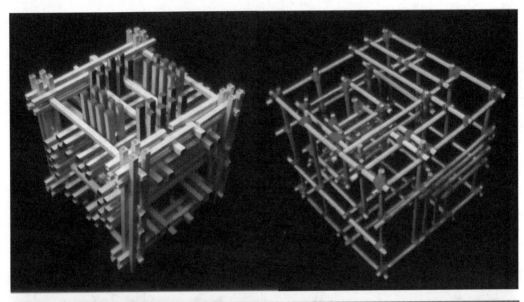

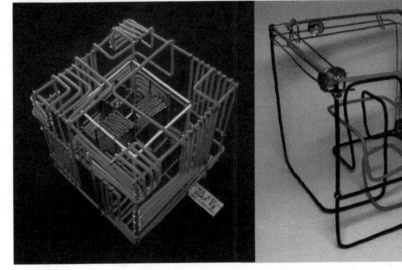
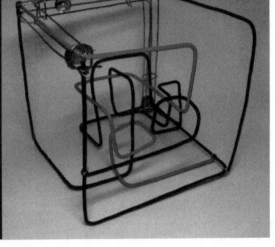

图7-31　线材构成

2. 面材构成

面材构成也称板材构成，具有平薄与扩延感。不论是平面还是曲面，均具有比线材更明确的空间占有感。在立体构成中，面材具有分割、围合、限定空间的重要功能，如图7-32所示。

3. 块材构成

块材具有强烈的重量感和体量感，如图7-33所示。块材构成的方法主要有以下几种，如图7-34所示。
（1）消减法：在主形体上切去不同形状的形体，包括穿孔在内，视觉效果减弱。
（2）添加法：在主形体上添加不同形状的形体，视觉效果增强。
（3）组合法：用单元形进行组合而成新形，强调秩序感和节奏感。
（4）分离法：用分割形式创造新的形体。

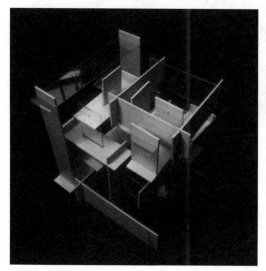

图7-32　面材构成　　　　　　　　图7-33　块材构成

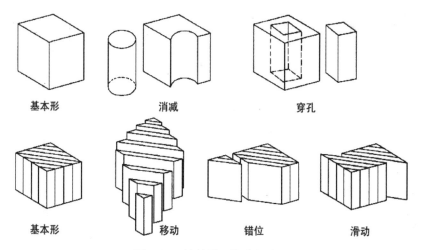

图7-34　块材常用构成方法

块材构成应注意整体空间造型的统一与和谐完整。

4. 综合构成

综合构成是综合采用线材、面材和块材任意两种或三种进行构成的方式。综合构成应注意将不同材料的特质合理使用，以达到整体的和谐统一，同时注意不同材料的搭配、连接方式，可以选择黏合、捆绑、插接等方式，如图7-35所示。

图7-35　综合构成

7.3.3　立体构成作品分析

实例1：四棱锥体

基本类型：线材、面材综合构成。

基本单元：四棱锥体。

基本方法：形的分割与移位。

特点分析：将等边的四棱锥体进行分解，分解后的子形虽然形状各不相同，但由于多数子形都具有等边三角形的因素，彼此之间仍然能够找到关联的视觉要素。这些子形在有限范围内移动，并没有改变角度，因而原来的基本形体——四棱锥体在视觉上得以维持，移动产生的视觉张力使得这个作品更加生动。接近底盘部位的白色横线条组成的围合形体虽然不具备与其他子形相似的等边三角形的特征，但由它界定的轮廓明确暗示了四棱锥体的存在。中部实心的四棱锥体，既能成为视觉的中心，同时又暗示了四棱锥体在整体构成中的结构性作用，如图7-36所示。

实例2：立方体

基本类型：线材、块材综合构成。

基本单元：立方体。

基本方法：单元的聚集。

特点分析：首先采用分组的方法，将实体的立方块相组合，按照多寡不等的方式分布在底盘不同区域内。每个实体立方块相对较小，线框构成的虚体立方块相对较大。线框立方体分布在外围，控制整体轮廓。原来散落在不同部位的实体立方块，在视觉上完全被线框立方体的强势所压制，成为点缀其中的活跃要素。底部数条参差不齐的白色线条划分了底盘，强化了实体在线框组成结构中的归属感。该作品整体视觉效果轻松，如图7-37所示。

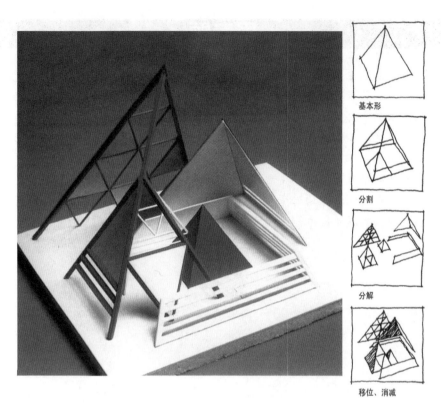

图7-36 立体构成作品分析1

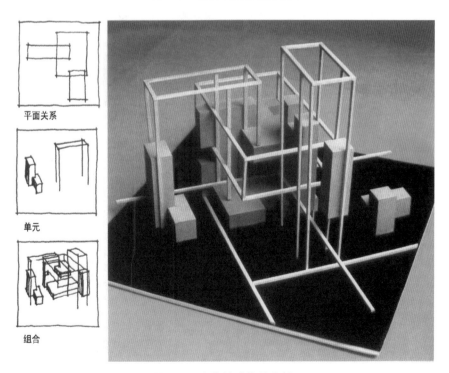

图7-37 立体构成作品分析2

思考题

1. 形式美的法则包含哪些内容？
2. 平面构成的基本形态要素是什么？
3. 平面构成的主要形式有哪些？
4. 立体构成的基本形态要素包括哪些内容？
5. 立体构成的基本方法按照材料的形状分为哪三种？
6. 线材构成的特点是什么？在进行线材构成时应注意哪些问题？
7. 面材构成的特点是什么？在进行面材构成时应注意哪些问题？
8. 块材构成的特点是什么？在进行块材构成时应注意哪些问题？

实训作业（扫码）

实训作业.docx

第8章
空间设计入门

【学习要点及目标】

◎ 了解空间构成理论

◎ 掌握空间限定方法

【本章导读】

　　空间是物质存在的一种客观形式，由长度、宽度、高度表现出来。空间的大小、形状由其围护物和其功能形式决定。人们对空间的感知借助于形态要素所限定的空间界限。

　　本章从空间构成导入，进一步阐述了多种空间理论，让学生了解空间的性质和分类。空间限定的引入重在使学生理解空间属性与特征的基础上，通过特定空间操作方法，进行空间鉴定、观察与体验，提升建筑空间建构能力。

8.1　空间构成

8.1.1　空间的定义

空间的涵义.mp4

　　自从有了宇宙就有了空间和时间，空间是一种无形弥漫扩散的质，连续不断地包围着人类，自由和不确定是空间的特质。空间是什么？什么构成了空间？自古希腊哲学家就把空间作为探讨对象。亚里士多德开启了对空间体系化研究，他提出空间就是一切场所的总和，具有方向和质的特性的力动场所。后世的空间理论以欧几里得的几何学为基础，以"无限、等质，并为世界的基本次元之一"作为空间的定义。欧几里得几何学忠实地描述了物理空间，17世纪后直角坐标体系的运用使得其理论进一步完善。19世纪后，非欧几里得几何学的诞生和相对论的提出，使空间论向前迈进一大步，空间摆脱了三度内一块块物体的观点，进一步考虑到四度空间——时间的一系列事件。20世纪以来心理学家开始研究"人的"空间问题，把人体验空间环境作为问题提出，"空间知觉"是一个复合过程，人在进行活动、观察形体、听到声音、感受阳光清风时，空间既作为一种实在的物质又作为一种不定型的东西，它的视觉样式、量度、尺度、光线特征等，都依赖于人的感知，即知觉作用。

　　"知觉空间对于人的同一性来说必不可少；存在空间把人类归属于整个社会文化；认识空间意味着对于空间可进行思考；理论空间则是提供描述其他各种空间的工具"（摘自诺伯格·舒尔兹《存在·空间·建筑》）。然而人类自古以来，不只在空间中发生行为、知觉空间、存在空间、思考空间，人类还在创造空间，所创造的空间可称为"表现空间或艺术空间"，即为了营建目的在环境中选择一个场所，把表现空间可能具有的诸特性加以体系化的空间概念。

　　广义的空间范畴包括建筑领域和其他艺术领域，如音乐产生的声场、绘画营建的三维空间、舞者通过舞蹈控制的领域、文学作品带给人的想象空间等。

　　本书重点研究的内容即为"表现空间"中的建筑室内外空间。建筑中能被人感知的空间是由多种元素、界面围合或物质介入而被限定出来的空间领域，也可以说是把存在空间具体化。例如，立一面墙或者种植一棵大树，意味着不同区域的界分，给人以心理依靠或视觉屏障的作用。对于空间概念的理解和运用，应同时注意两个方面，一个方面是以三度空间为基础，研究其构成的手法，另一个方面是以知觉心理学为基础，注重空间体验和情感上的可接受性。个人的经验、知识和气质的不同，对空间的感受会有差异。体验空间是每一位设计师必须充分重视的经验步骤。

8.1.2　空间理论

　　空间理论是一个永恒的研究课题，随着人们的认识、科技、文化的进步，对于空间会有更新的认识和理解。对于表现空间，即建筑空间，研究理论中最具指导意义的有意大利建筑历史学教授布鲁诺·赛维的《建筑空间论》、挪威建筑师及建筑理论家诺伯格·舒尔兹撰写的《存在·空间·建筑》，以及美国著名建筑理论家及城市研究学者凯文·林奇为代表的结构空间体验理论。

1. 建筑空间论

"布鲁诺·赛维是我们时代最富洞察力和最坦率的评论家。他善于洞察建筑，他深入到建筑的本质，并善于把一得之见用最传神、最大胆的语言加以阐释。"弗兰克·劳埃德·赖特这样说。

布鲁诺·赛维在《建筑空间论》中强调了空间是建筑的主角，并运用"时间—空间"观念去观察全部建筑历史。他强调建筑实际上并非那些墙壁、屋顶，而应是这些东西所围合成的空间，从这个观点阐述了"场所"概念、"垂直性与水平性""前方与后方""左与右""中心"等基本定位。布鲁诺·赛维引用极为丰富的资料证明建筑就是为人所造的环境，对于空间的评价应看其内部是否有特质、秩序，能否激起人们愿意到其中对神顶礼膜拜，或愿意在其中闲庭信步，体验舒适、优美和高雅。

2. 存在·空间·建筑

诺伯格·舒尔兹提出建筑空间和环境空间的层次关系，并对存在空间的基本特征进行了充分的论证，即中心与场所、方向与路线、区域与领域、各要素的相互作用。并且提出"存在空间"的五个层面：地理、景观、城市、住房和用具。强调存在空间不只是作为人的需要，而是人与环境之间相互作用的结果，并以某种具体环境的（建筑的）现有结构为前提。

3. 空间体验

凯文·林奇从另一个层面提出了建筑空间与城市空间的关系。他以一个群、一个列或者一个闭合作为城市空间，并认为这种集合体和城市形成的独特性、可识别性有密切的关系。

8.1.3 空间的性质和分类

纵观空间的发展历程，中西方对于空间的认识有明显的差异。西方的空间以公共生活为基点产生，从古希腊开始公共生活作为生活的主流，强调了对空间精神意义的探索。如图8-1所示为古希腊雅典卫城中神性空间，注重建筑外部空间。中国的空间则以"礼"为出发点建立空间的秩序和形式。自从周朝建立礼乐制度，建筑空间呈现出明显的等级划分，建筑群体关系排列严密，轴线对称，形成空间的整体节奏和群体完整性，如图8-2所示。

1. 空间性质

不论东方还是西方空间，设计师重点关注的是使用空间——应具有交流性、场所性、安全性。

图8-1　古希腊雅典建筑

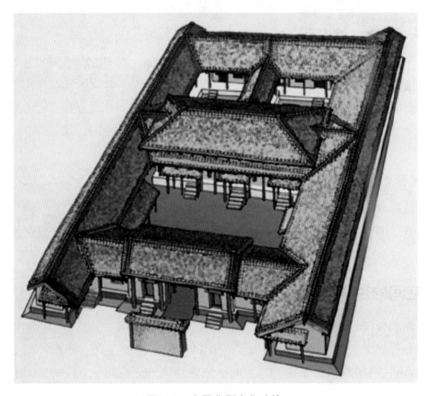

图8-2　中国典型古代建筑

1）交流性

美国著名人本主义心理学家亚伯拉罕·马斯洛提出人的需求理论，人除了必需的生理需求和安全需求之外，与社会交往需求是最重要的。因此设计的空间的根本属性是提供交流功能。

2）场所性

它是指在一定的环境制约下设计空间与环境的关系、设计使用属性和使用者的关系。

设计空间必须要关注空间的场所性。

　　3）安全性

　　人类从开始建造空间、设计空间，安全性始终是空间存在的一个必要条件。空间不论从物理层面还是心理层面均需要给人以安全的庇护。

　　2. 空间的分类

　　空间与围合它的实体相对应，有实体就有空间感。建筑空间有内外之分，但在特定条件下，内外空间的界限不是很分明，例如四面开敞的亭子、镂空的廊子等。因此根据类型对空间进行分类，通常分为三个类型：外部空间、内部空间和灰空间。

　　1）外部空间

　　日本建筑师芦原义信在《外部空间的设计》书中定义，外部空间是由人创造的外部环境，比自然更有意义，如图8-3所示。

图8-3　外部空间

　　2）内部空间

　　内部空间是人们为了某种目的（功能），用地板、墙壁和天花板等物质材料和技术手段，从自然空间中围合而成的虚空部分。内部空间对人的影响最大，如图8-4所示。

　　3）灰空间

　　日本建筑师黑川纪章提出，介于室内与室外之间的第三种空间。如四面开敞的亭子、敞廊以及处于悬臂雨篷覆盖下的空间等，如图8-5所示。

图8-4　内部空间

图8-5　灰空间

8.2　空间限定

"埏埴以为器，当其无，有器之用。凿户牖以为室，当其无，有室之用。故有之以为利，无之以为用。"这是老子《道德经》中对于空间的描述，和泥做罐子，开凿门窗盖房子，均是利用实际材料围合内部能容受的空虚，即空间。空间和实体互为依存，空间本是不定型、连绵不断，只有通过实体要素的限定，才能逐渐被围起、塑造，不同的实体形式给空间带来不同的艺术特点。

8.2.1　空间限定要素

1. 限定要素

根据形成空间要素的基本形式特征，我们将体块、板片和杆件确定为三种基本的空间限定要素，如图8-6所示。为了充分了解每一种空间限定要素的造型潜力，设想在一个相对抽象的环境中，进一步思考如何利用每一个空间限定要素生成空间，研究生成空间的特征。体块的基本形式特征是一个较大的体积，其长、宽、高三边的尺寸基本相当；板片的基本形式特征是一个平板，其两个方向的尺寸比另一个方向的尺寸明显大许多；杆件的基本形式特征则是细长的线性比例，一个方向的尺寸明显大于另两个方向的尺寸。如图8-7所示为抽象化的三种限定要素。

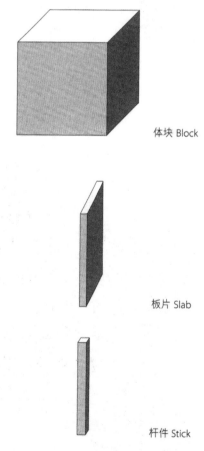

体块 Block

板片 Slab

杆件 Stick

图8-6　空间限定要素体块、板片和杆件　　　　图8-7　抽象的三种限定要素
（图片摘自《空间、建构与设计》顾大庆等著）　　（图片摘自《空间、建构与设计》顾大庆等著）

空间限定训练指使用体块、板片和杆件三种典型的空间限定要素，创造出尽可能多的丰富空间体验，如图8-8所示。在实际建筑造型过程中，运用体块、板片和杆件建构造型的手法很多。如图8-9所示是以体块为主的造型，图8-10所示是三者结合建构空间造型。

图8-8　不同的空间（图片摘自《空间、建构与设计》顾大庆等著）

图8-9　以体块为主的空间造型

图8-10 体块、板片和杆件结合空间造型

拓展知识8-1：体块组合40例

2. 限定训练的重点——空间

空间限定的过程中，体块、板片和杆件实体材料起到可知觉、直观化的积极作用，但是从使用角度来讲，依附于积极形态的空间是操作的重心，其大小、形态、比例、方向、情态、氛围也能起到了积极的作用。因此，在空间限定的训练中，应该把注意力从实体转向内部和周围的虚空。如图8-11所示，上图是利用挖空的手法对体块进行操作后，得到的材料实体对象造型，而下图是与之互补的挖空的空间的形态造型。在实际建筑中，建筑空间不论使用哪种形式要素、什么材料，其核心同样是提供不同使用功能的建筑空间。图8-12所示是1929年密斯·范德罗设计的巴塞罗那德国馆，从平面可以看出设计突出板片限定要素，中间虚空的流动空间为设计的核心。

体块组合40例.docx

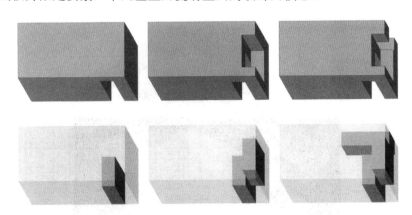

图8-11 空间与实体的互补（图片摘自《空间、建构与设计》顾大庆等著）

3. 限定要素的操作手法

首先应区别上述三种限定要素与其围合的空间之间的关系。体块内部的空间和体块之间的空间，是一种互补的关系；板片之间限定出相互重叠的空间；杆件则处于空间内，有疏密不同的区分，如图8-13所示。

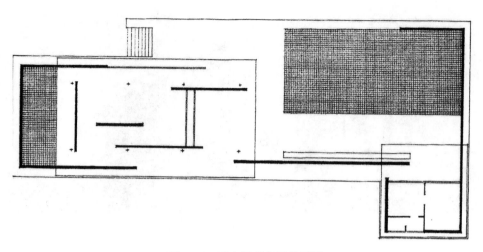

图8-12　巴塞罗那德国馆平面

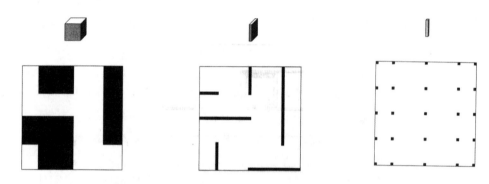

图8-13　限定要素与围合的空间（图片摘自《空间、建构与设计》顾大庆等著）

1）体块

体块可使用挖去、推挤、位移等减法操作形成空间，也可以对若干小的体块进行堆积、组合、排列等加法操作。体块的大小和形状随体块的功能内容而定。如图8-14所示为运用挖去的手法对体块形成的内部空间与块之间的空间进行研究，研究时注意比较空间的大小、比例、形状、连续性等方面。

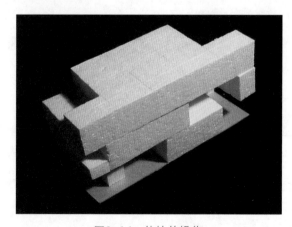

图8-14　体块的操作

2）板片

将一定数量的板片采用特定的连接方式形成空间，也可以对一张板片进行弯折、切割、推拉等操作，如图8-15、图8-16所示。

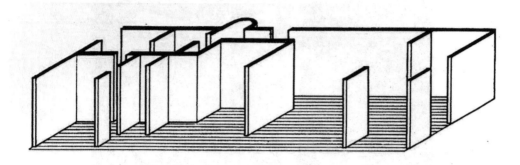

图8-15 板片的操作1

3）杆件

杆件的操作有三种：一种是将一定数量的杆件通过某种连接方式形成空间；一种是通过改变杆件之间的密度，形成如树林状的空间模式；第三种是对杆件通过弯折的操作形成空间，如图8-17~图8-19所示。

图8-16 板片的操作2（图片摘自《空间、建构与设计》顾大庆等著）

图8-17　杆件的操作1（图片摘自《空间、建构与设计》顾大庆等著）

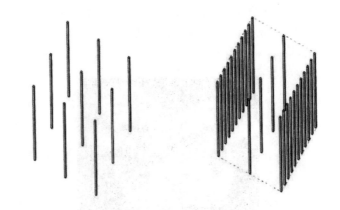

图8-18　杆件的操作2（出处同上）

图8-19　杆件的操作3（出处同上）

上述是分别对三种典型的空间限定要素的操作手法的进行归纳，实际的空间建构过程中绝不限于这几种。设计人员在模型训练中可以尝试新的操作手法，并不断地进行归纳总结。

4. 操作过程控制

空间限定训练的过程中应重视制作、观察和记录三种研究方法的结合运用。制作的作用在于生成，观察的作用在于分析，记录的作用在于对象之间的对比研究。图8-20、图8-21所示是以体块为例进行多种操作的手法训练的成果。操作与观察的互动是训练中的基本态度，观察空间应该以人眼的高度来体验空间。训练中应该视点放低，一边观察一边手绘空间，研究光线和空间的关系，进而按照设计意图不断进行空间的修订与调整。图8-22、图8-23所示为观察与记录的过程。

图8-20　制作1

图8-21　制作2

139

图8-22　观察与记录1

图8-23　观察与记录2

8.2.2　空间限定方向

空间本是无限、无形态的，只因有了实体的限定，才有了空间的大小度量，使其形态化。限定空间一般从水平方向和垂直方向进行。在具体的建筑空间中，水平面往往是承载或者覆盖人的各项活动的使用功能区域，垂直面则一般承担着空间围护功能。面的构成是空间限定训练中的主要手段。下面以"板片"形成的面为例，阐述训练中不同的限定方向对形成空间的影响。

1. 水平方向

用水平方向构件限定空间常用"覆盖""凹凸"和"架起"等方法。使用不同的处理手法，水平面在空间中位置的高低变化会影响所形成空间的品质，如图8-24所示。

凸起或抬升基面后所形成的空间与周围的环境之间，在空间与视觉上的连续程度取决于基面的高程，如图8-25所示，1图中空间区域界定良好，视觉与空间保持连续性；2图中视觉连续性保持，空间连续性被打断；3图中基面高程继续提升，视觉和空间连续性均被打断，水平基面下形成新的空间。

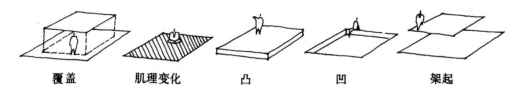

覆盖　　　肌理变化　　　凸　　　凹　　　架起

图8-24　水平方向平面位置变化（图片摘自《建筑形态设计基础）

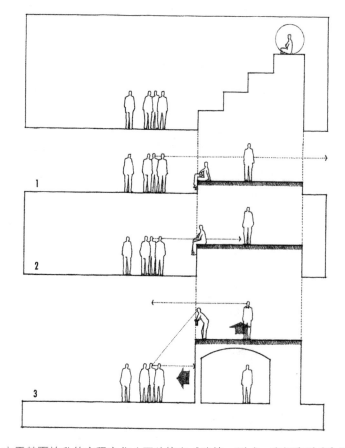

图8-25　水平基面抬升的高程变化（图片摘自《建筑：形式、空间和秩序》程大锦著）

水平面也可以采取凹进或下沉的方式，下沉区域和周围地带之间的连续性，取决于高程变化的尺度。如图8-26所示，随着下沉区域高程的降低，视线连续性中断，这部分空间与周围空间的连续性逐渐减弱，但却加强了这一区域作为独立空间的感受。

2. 垂直方向

在人的视线范围内，垂直要素出现的频率高、空间限定的控制作用强。建筑中的竖直构件往往是楼面与屋面的支撑结构，起到重要的安全作用。用垂直构件限定空间的方法主要有"围"和"设立"。

"围"是空间限定典型的形式，通过围合形成空间有内外的区别，建筑设计研究的空间以内部空间为主。图8-27所示为线性垂直要素和面状垂直要素所限定的不同空间领域。

1图中四根线性垂直要素围合限定了一个空间的边界；2图中独立的垂直面限定了它所面对的空间；3图中L形垂直面限定了面所形成的空间具有明确的方向性；4图中平行排列的垂直面限定了面在一个方向上具有延伸、开放的特征；5图中U形限定面控制了一个空间容积；6图中四个首尾相接的垂直面限定了一个完整的空间范围。

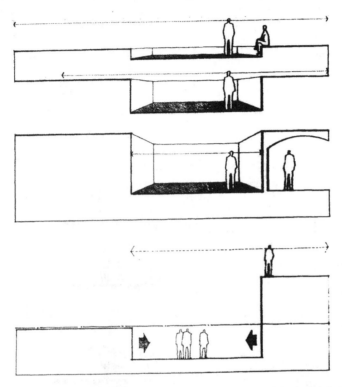

图8-26 水平基面下沉的高程变化（图片摘自《建筑：形式、空间和秩序》程大锦著）

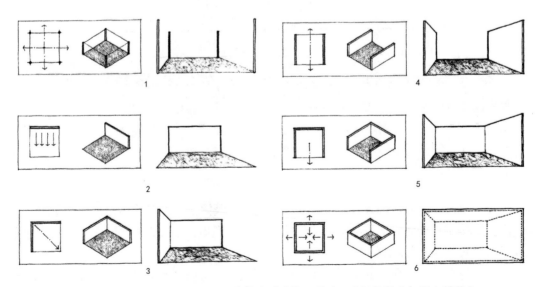

图8-27 垂直要素限定空间（图片摘自《建筑：形式、空间和秩序》程大锦著）

"设立"是指物体设置在空间中，形成一个场所，通常设计仅是视觉心理上的限定，对周围的空间产生聚合力。图8-28所示为分别"设立"一板片和三根杆件，并对周围空间产生的不同的聚合力。图8-29所示为垂直方向的不同构件限定空间的作用。

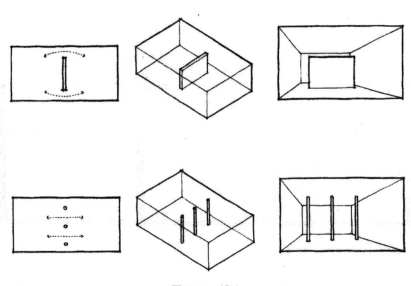

图8-28　设立

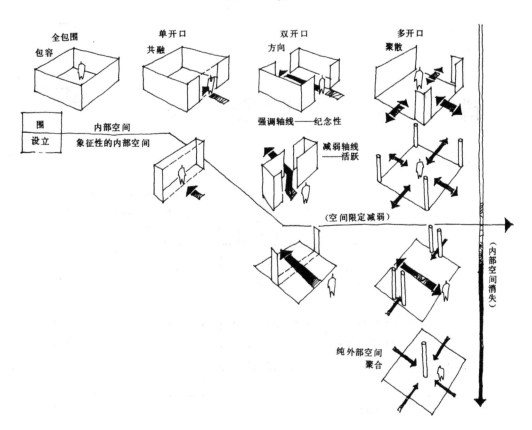

图8-29　垂直方向构件限定空间（图片摘自《建筑形态设计基础）

　　垂直限定要素的高度也是一个关键因素，它影响到空间中视觉的连续性。图8-30所示为垂直限定要素高度从400mm到3000mm逐步升高的过程中，空间围合感的变化。当高度仅为400mm时，垂直面仅仅作为限定空间的边界；当高度到达人体腰部高度时，空间围合感开始产生，并随着高度进一步提高逐渐强烈；当高度接近人体视线高度时，空间的完整性产生，与另一空间分隔开来；当高度超过人体身高时，两个区域的视觉和空间的连续性均被打断，空间具有强烈的围护感。

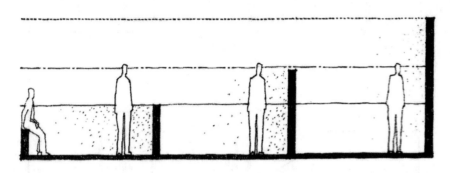

图8-30　垂直要素高度变化（图片摘自《建筑：形式、空间和秩序》程大锦著）

　　为了提供与邻近空间的连续性、视觉的连续性、光线进入、自然通风等，垂直要素上通常会开洞口。洞口的大小、位置、数量应综合考虑空间的实际使用功能，同时还应考虑垂直要素的视觉效果。图8-31所示为洞口在垂直面的中间并沿着面的一条边布置的情况，也可以在水平面和垂直面之间竖向延伸。

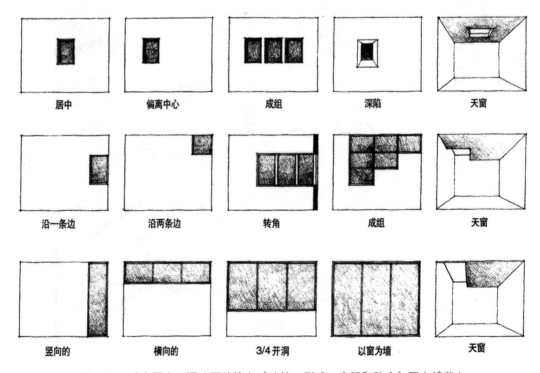

图8-31　垂直要素开洞（图片摘自《建筑：形式、空间和秩序》程大锦著）

8.2.3　空间的关联

两个空间之间的相互关联主要有以下几种基本方式。

1. 包含关联

一个较大的空间包含一个或多个较小的空间，两者之间容易产生视觉及空间的连续性，大空间为小空间提供了一个三维的领地。如图8-32所示，（a）图表示包含关联示意图，（b）图表示建筑大空间内的小空间。

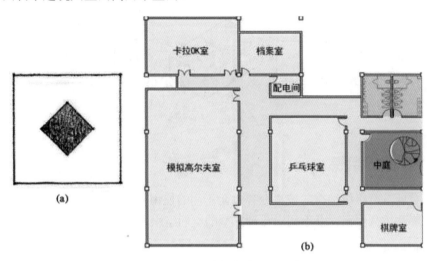

图8-32　空间包含

2. 穿插关联

一个空间的部分区域和另外空间的部分重叠，出现一个公共的空间区域。如图8-33所示，图中右侧的建筑空间中，夹层空间在水平和竖直方向均与一层的主空间产生穿插关联。

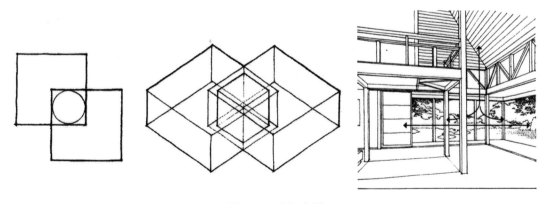

图8-33　空间穿插

3. 毗邻关联

两个空间相互毗邻或共享一条边界形成毗邻关联，是空间中最常见的形式，两个空间在视觉和空间上的连续程度，由它们之间的共同边界决定，如图8-34所示。

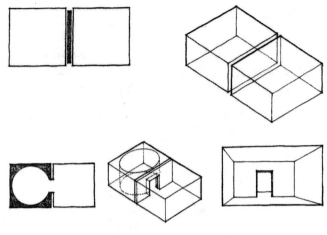

图8-34　空间毗连

8.2.4　空间的组织

多个空间进行组织编排，应根据各单元不同的使用功能，同时也要考虑不同功能之间的先后次序和主从关系。以下列举几种典型的空间组织方法。

1．并列式组织

各个空间的功能相同或相近，无主从关系，形成并列空间组织。并列式组织常见的有线性、放射状等形式。图8-35所示为线性和放射状排列，各个空间根据设计要求沿着线式排列，或者以某点为中心向外线式排列，形成重复或渐变的构成空间关系。图8-36所示为某老年公寓的平面图，它应用的空间组织形式是线性排列。

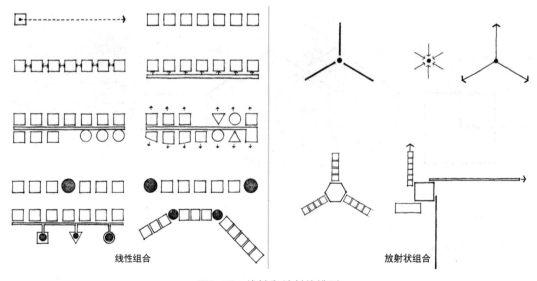

线性组合　　　　　　　　　　　放射状组合

图8-35　线性和放射状排列

2．序列式组织

各空间功能的先后次序关系明确，各部分之间是依次通过的关系，这种空间组织法结构严谨、整体完整，形成序列空间。在进行序列空间操作时，重点在于创造变化，如图8-37所示。

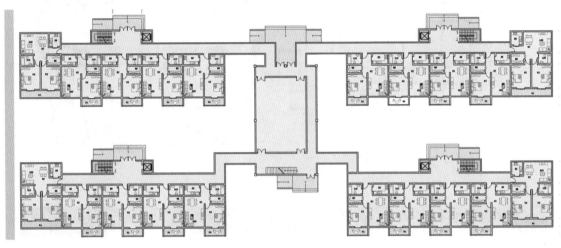

图8-36　线性排列

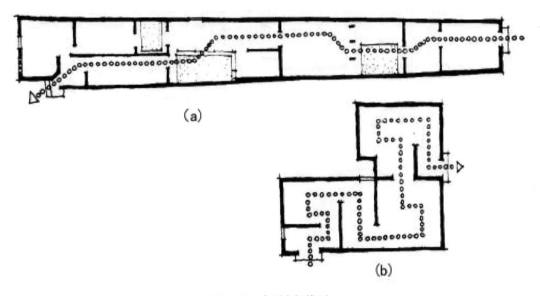

图8-37　序列空间排列

3．主从式组织

各空间的重要性不同，形成主从空间。图8-38所示为主从式组织，在一个居于中心的主导空间周围，组织多个次要空间，具体可采取对称和非对称的不同形式。

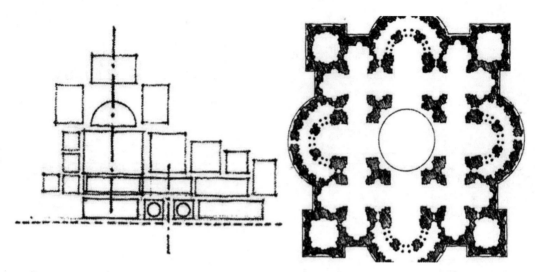

图8-38　主从式组织

思考题

1．重要的空间理论有哪些？

2．空间的性质是什么？

3．空间限定的要素有哪些？以某空间为例，阐述具体的应用。

4．以身边的空间为例，理解空间限定中水平和垂直方向的不同，辅以图示说明。

5．多个空间的组织有哪些常用的手法？

实训作业（扫码）

实训作业.docx

第9章
经典建筑及园林作品分析

【学习要点及目标】

◎ 了解西方现代建筑设计流派

◎ 掌握现代建筑经典案例

◎ 了解中西方园林特点

【本章导读】

经典作品分析是使学生通过优秀设计作品剖析，初步了解方案创作过程，并在此基础上使学生通过设计实践，掌握设计创作构思方法，及对空间设计的表达。本章的学习有助于学生了解西方现代建筑设计和园林设计的流派，特别是对一些经典建筑设计和园林设计的案例分析，从中国到西方，从古代到今天，全方位地了解那些优秀的、动人心弦的人类艺术与智慧的结晶。以史为鉴，以古鉴今，只有了解了曾经发生的事情，才会对要做的设计定位准确，对未来建筑及园林的发展方向有所判断。了解国外及中国的建筑和园林设计，有助于学生更好地把握在祖国地域上的设计文脉。

9.1 西方现代建筑简介

近几十年来，尤其是进入21世纪后，西方建筑和园林设计领域与20世纪前半叶相比，其设计思潮与理念、设计手法等均有显著的变化。在这一时期，一方面，由于工业生产的增长，科学技术的进步，使得建筑活动与建筑技术有了突飞猛进的发展；另一方面，由于建筑及园林设计竞争的加剧，各类设计思潮大放异彩，形形色色的流派层出不穷，呈"百家争鸣，百花齐放"之势，现代主义建筑的"国际式"风格正逐渐被多元化所取代。正如爱因斯坦所说："我们时代的特征是工具完善与目标混乱"，一语道破其中现状。

9.1.1 西方现代主要建筑设计流派

西方当代建筑思潮通常被冠以"多元论（Pluralism)"的定义，指在建筑领域中风格与形式的多样化，以获得建筑与环境的个性及明显的地区性特征。主要建筑流派有：粗野主义、典雅主义、隐喻主义、高技派、新乡土派、解构主义等。

1.粗野主义

粗野主义又称朴野主义、野性主义等，表达了朴实、不加修饰、实事求是的意义，是20世纪50年代出现的一种设计思潮。其特点是在建筑材料上保持自然本色，砖墙、木梁架都以其本身质地显露出自然美感，混凝土梁柱墙面暴露在外，有时甚至保留施工时模板留下的木纹痕迹，不加任何粉饰，从而淋漓尽致地表达材料和空间的真实性，具有粗犷的性格，不矫揉造作，给人以原始清新的印象。

勒·柯布西耶设计的马赛公寓就是典型的粗野主义风格。该建筑轮廓凹凸强烈，屋顶、墙面、柱墩沉重而肥大，表面保存粗糙的水泥本色，表现了混凝土塑形造型的随意性。马赛公寓的窗洞侧墙上涂有各种鲜明色彩，取得了新颖的视觉效果，如图9-1所示。

图9-1 马赛公寓

　　英国的著名建筑家史密斯夫妇（A.and P.Smithson)也是粗野主义的重要代表人物。史密斯曾说："假如不把粗野主义试图客观地对待现实这回事考虑进去——社会文化的种种目的，其迫切性、技术等——任何关于粗野主义的讨论都是不中要害的。粗野主义者想要面对一个大量生产的社会，并想从目前存在着的混乱的强大力量中，牵引出一阵粗鲁的诗意来"。史密斯所设计的英国亨斯特顿学校，就是其设计思想的完美体现，如图9-2所示。亨斯特顿学校建成于1954年，建筑在构件与材料的运用上真率地表达了钢、玻璃和砖等原本的质地，并把电线和水落管也暴露在外，不加掩饰。

图9-2　亨斯特顿学校

　　除此之外，勒·柯布西耶设计的印度昌迪加尔高等法院，如图9-3所示，保罗·鲁道夫设计的耶鲁大学建筑系馆，如图9-4所示，也都是典型的粗野主义风格建筑。

图9-3　昌迪加尔高等法院

2. 典雅主义

典雅主义又称新古典主义、新帕拉蒂奥主义、新复古主义，是第二次世界大战后美国官方建筑的主要思潮。该建筑风格主张应讲究形式的雅趣、崇尚古典、端庄，吸取古典建筑传统构图手法，比例工整严谨，造型简练轻快，偶有花饰，但不拘于程式；以传神代替形似，是二战后新古典区别于20世纪30年代古典手法的标志；建筑风格庄重精美，通过运用传统美学法则来使现代的材料与结构产生规整、端庄、典雅的安定感。

爱德华·斯通（Edward Durell Stone）设计的美国驻印度大使馆，是这一流派的代表作之一，如图9-5所示。该建筑吸取了古希腊柱廊式建筑的布局手法，柱廊后面是白色的漏窗式幕墙，整体建筑端庄典雅，外观呈水平造型，材料新颖，构图简洁，重点部位进行一定的装饰。这座建筑融合古典与现代，东方与西方的建筑神韵，典雅、高贵，受到了广泛的赞誉。

图9-4　耶鲁大学建筑系馆

图9-5　美国驻印度大使馆

3. 隐喻主义

隐喻主义又称象征主义，是后现代建筑的基本设计手法之一。其特点是通过建筑师直接参照、隐约暗示等设计手法的运用，使某些特殊性建筑所要表达的个性显得更加强烈，在满足功能的基础上，重点突出其艺术造型的视觉冲击感。

著名的悉尼歌剧院即是典型的隐喻主义风格建筑，如图9-6所示。其造型富于诗情画意，外形犹如即将乘风出海的白色风帆，与周围景色相映成趣，在现代建筑史上被认为是巨型雕塑式的典型作品。歌剧厅、音乐厅及休息厅并排而立，建在巨型花岗岩石基座上，各由4块巍峨的大壳顶组成。这些"贝壳"依次排列，前三个一个盖着一个，面向海湾相互依抱，最后一个则背向海湾侍立，看上去很像是两组打开盖倒放着的蚌。高低不一的尖顶壳，既像竖立着的贝壳，又像两艘巨型白色帆船，航行在蔚蓝色的海面上，故有"船帆屋顶剧院"之称，在造型艺术上取得了非凡成就。

图9-6　悉尼歌剧院

此外沙利宁设计的纽约肯尼迪机场联合航空公司候机楼，如图9-7所示，也都是隐喻主义建筑的典型体现。

图9-7　纽约肯尼迪机场联合航空公司候机楼

4. 高技派

高技派又称重技派，是在建筑造型风格上注重表现"高度工业技术"的一种设计倾向。高技派主张突出当代工业技术成就，并在建筑形体和室内环境设计中加以炫耀，崇尚"机械美"，在室内暴露梁板、网架等结构构件以及风管、线缆等各种设备和管道，强调工艺技术与时代感，反对传统的审美观念，强调设计作为信息的媒介和设计的交际功能，在建筑设计、室内设计中坚持采用新技术，在美学上极力鼓吹表现新技术的做法。

意大利建筑师皮阿诺（Piano）和英国建筑师罗杰斯(Richard Rogers)设计的巴黎蓬皮杜艺术中心，如图9-8、图9-9所示，最能代表高技派思潮。其设计新颖、造型特异，钢结构构架和各种设备管线全都暴露在建筑物外部，加之有透明塑料覆盖的露天自动扶梯，俨然一座化工厂外貌，成为巴黎的新地标。

图9-8 巴黎蓬皮杜艺术中心

高技派风格的代表作品还有英国建筑师诺曼•福斯特（Norman Foster）设计的德国柏林新国会大厦（见图9-10）、香港汇丰银行总部大厦（见图9-11）等。

5. 新乡土派

新乡土派是注重将自由构思与地方特色结合并适应各地区人民生活习惯的一种设计倾向，其最重要的代表人物就是芬兰著名建筑师阿尔瓦•阿尔托（Alvar Aalto）。阿尔瓦•阿尔托主要的创作思想就是探索民族化和人情化的现代建筑道路，他的设计作品中，常使用诸如木材、砖块、石头、铜以及大理石等天然资源，以体现古朴感和乡土气息，不浮夸、不豪华，具有独特的民族风格和鲜明的个性。例如芬兰珊纳特赛罗市政中心（见图9-12），建筑群采用简单的几何形式，使用红砖、木材、黄铜等，具有斯堪的那维亚特点。再如帕伊米奥结核病疗养院（图9-13），该建筑细致地考虑了疗养人员的需要，每个病室都有良好的光线、通风、视野和安静的休养气氛，建筑造型与功能和结构紧密结合，表现出具有理性逻辑的设计思想，而且其形象简洁、清新，给人以开朗、明快、乐观的启示。

图9-9 蓬皮杜艺术中心的管线

图9-10 柏林新国会大厦

图9-11　香港汇丰银行总部大厦

图9-12 芬兰珊纳特赛罗市政中心

图9-13 帕伊米奥结核病疗养院

6. 解构主义

解构主义是20世纪80年代中期才兴起的一股新思潮，它源于晚期现代主义，并在此基础上有了新的发展。其创作思想是重视"机会"和"偶然性"对建筑的影响，对原有传统的建筑观念进行消解、淡化，把建筑艺术提升为一种能表达更深层次的纯艺术，把功能、技术降低为表达意图的手段。反对整体性，重视在设计作品时差异性的存在。在创作手法上，打破现代主义建筑显著的水平、垂直或简单集合形体的设计倾向，而强调结构的不稳定性和不断变化的特性，运用相贯、偏心、反转、回转等手法，使建筑具有不安定且富有运动感的形态倾向。同时提出两种设计手法：颠倒和改变。颠倒主要是颠倒事物原有的主从关系；改变则是建立新观念。

屈米（B.Tschumi)设计的巴黎拉维莱特公园，是解构主义建筑的代表，如图9-14所示。屈米从法国古典园林中提取出点、线、面三个体系，进一步演变成直线和曲线的形式，各自单独成一系统，叠加成公园的布局结构。点就是26个红色的点景物；线的要素有长廊、林荫道和一条贯穿全园的弯曲小径，这条小径联系了公园的10个主题园；面的要素主要是10个主题园，包括镜园、恐怖童话园、风园、雾园、竹园等。

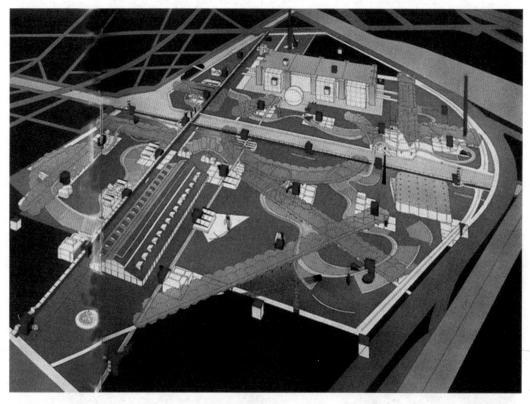

图9-14 拉维莱特公园

拓展知识9-1：现代建筑流派相关知识

现代建筑流派.pptx

9.1.2 参数化设计简介

信息时代，数字化技术已经广泛地渗透到设计界的各个领域，在建筑设计领域的应用已经从最早的电脑辅助演变到现在的模拟人工智能的、基于算法的参数化设计阶段。参数化设计（Parametric Design），是一种先进的建筑设计方法。该方法的核心思想是把建筑设计的全要素都变成某个函数的变量，通过改变函数，或者说改变算法，使人们获得不同的建筑设计方案。简单讲，参数化设计是一种通过计算机技术自动生成设计方案的方法。

参数化设计是继现代主义运动后，又一次基于技术更新的设计革命。参数化设计适合现有社会条件下复杂、多变且快速的设计环境。因此，参数化设计成为建筑设计的"高手"。如图9-15所示，即为典型的使用参数化设计手法设计出的建筑。

图9-15 参数化设计的建筑

1. 参数化设计的特点

1）方便地实现复杂有机的形式

复杂的形式往往源于方案复杂的脉络，比如交织共生的功能、四通八达的流线、环境

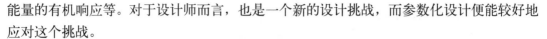

能量的有机响应等。对于设计师而言，也是一个新的设计挑战，而参数化设计便能较好地应对这个挑战。

2）高效地创造多种方案选择

选择方案是每一个项目都不可避免的，是方案优化的需要。在主流经典设计方法中，建筑师总会主观按照不同的可选前提单独处理每一个选择方案。之后，还要花很大精力做筛选。然而在参数化设计中，选择方案的数目不依赖于设计时间，只要建立了参数化模型，作出10个选择方案的时间和作出100个的时间相差无几。另一方面，建筑师在建模的时候完全不用浪费时间顾虑当前的形式是否如意，建筑师只需关注输入与输出之间的参数关系。一个模型的完成，就意味着一个系列的建成。

3）自由地交换设计信息

由于现代工程的分工协作越来越复杂，很多时候，一个项目的运行效率的高低很大程度上取决于能否高效地在不同协作单位之间交换设计数据。比如，结构工程师可能只需要轴线模型而非面模型，工程预算师可能只需要所有构件的尺寸，设备工程师只需要某个位置的截面或剖平面等。在经典的设计流程中，每一次来自其他配合单位的新要求，就意味着建筑师需要开始制作一个新图。建筑形体复杂的时候，建筑师很难保证各个图之间是否准确交接。在参数化设计技术的支持下，建筑师可以通过一个参数化调控模型，导出所有的技术数据，生成各种所需的技术图纸，甚至是细部节点大样。这是在实际工程中，参数化设计最强大的特点。

2. 参数化设计代表人物及其作品

1）弗兰克·盖里

弗兰克·盖里(Frank Owen Gehry)1929年2月28日生于加拿大多伦多的一个犹太人家庭，17岁后移民美国加利福尼亚，成为当代著名的解构主义建筑师，以设计具有奇特不规则曲线造型雕塑般外观的建筑而著称。盖里的设计风格源自于晚期现代主义，充分运用参数化设计手法于其中，其最著名的代表作是位于西班牙毕尔巴鄂的钛金属屋顶的古根海姆博物馆，如图9-16所示。

毕尔巴鄂古根海姆博物馆在1997年正式落成启用，整个结构体借助一套空气动力学使用的计算机软件逐步设计而成。博物馆在建材方面使用玻璃、钢和石灰岩，部分表面包覆钛金属。该博物馆激活了当地的经济(巴斯克省的工业产品净值因此增长了五倍之多)，也为毕尔巴鄂市的旅游业带来了新生。它以奇美的造型、特异的结构和崭新的材料博得举世瞩目，被报界惊呼为"一个奇迹"，称它是"世界上最有意义、最美丽的博物馆"。

2）扎哈·哈迪德

扎哈·哈迪德（Zaha Hadid）是2004年普利兹克建筑奖获奖者。1950年她出生于伊拉克巴格达，在黎巴嫩就读过数学系，1972年进入伦敦的建筑联盟学院学习建筑学，1977年毕业并获得伦敦建筑联盟硕士学位。此后加入大都会建筑事务所，又与雷姆·库哈斯（Rem Koolhaas）和埃利亚·增西利斯（Elia Zenghelis）一道执教于伦敦建筑联盟学院，后来在该校成立了自己的工作室，直到1987年。1994年她在哈佛大学设计研究生院任教。

图9-16 毕尔巴鄂古根海姆博物馆

哈迪德在设计作品中主要运用的手法就是设法在建筑空间内找到当代信息科学和电子科学的规律，以大量的资料相互作用、模拟产生效果。"流动感"在她的许多设计方案中表现得十分强烈，产生了一个散发着巨大能量的空间。她设计的空间体现了对立中的统一，虚与实、轻与重、固定与流动、开放与封闭、无光泽与透明等，是一个从塑造自然环境过程中产生的空间。

广州大剧院是广州市的标志性建筑之一，地处珠江新城，外部形态独特，犹如在一个平缓的山丘上置放的大小不同的两块石头，被形象地称为"双砾"。其中，"大石头"是有1800多个座位的大剧场，与其配套的有设备用房、剧务用房、演出用房、行政用房、录音棚和艺术展览厅；"小石头"是有400多个座位的多功能剧场及配套餐厅。两者皆为屋盖、幕墙一体化的结构，整体性外壳最大长度约120m，高度43m。该建筑没有一个节点是相同的，仅歌剧院的钢结构——三向斜交折板式网壳，就有64个面，47个转角，每一个钢件都是分段铸造再运到现场拼接，每一个节点从制造、安装均要在空中准确三维定位，如此复杂的钢结构形体在国内目前还没有先例。该建筑的设计依赖于参数化设计，如图9-17所示。

图9-17　广州大剧院

拓展知识9-2：扎哈·哈迪德1993-2016全球作品集合

扎哈·哈迪德1993-2016全球
作品集合.docx

9.2　经典建筑分析

　　本节选取现代建筑代表人物，对其经典现代建筑作品进行分解、剖析，从基本建筑问题入手，全面了解和把握现代建筑大师们的建筑思想，以及他们的作品、建筑特点和语言手法，建立正确的建筑观。

大师经典作品解析做法讲解.mp4

拓展知识9-3：大师经典作品分析做法讲解

9.2.1 勒·柯布西耶和萨伏伊别墅

大师经典作品解析做法讲解.pptx

1. 建筑师及作品简介

勒·柯布西耶（1887年10月6日—1965年8月27日）是20世纪最重要的建筑师之一、现代建筑运动的激进分子和主将。他和瓦尔特·格罗皮乌斯、路德维格·密斯·凡·德·罗、富兰克·劳埃德·赖特并称现代建筑派或国际形式建筑派的主要代表。

萨伏伊别墅是勒·柯布西耶纯粹主义的杰作、现代主义建筑的经典作品之一，一个完美的功能主义作品，也是勒·柯布西耶作品中最能体现其建筑观点的作品之一。该建筑位于巴黎近郊的普瓦西，1928年设计，1930年建成，使用钢筋混凝土结构。柯布西耶的设计意图是用简约的、工业化的方法去建造大量低造价的平民住宅，其表现出的现代建筑设计原则影响了之后半个多世纪的建筑走向。

2. 建筑平面及功能组织

柯布西耶从平面功能组织开始设计建筑空间布局，正如他提出的理论"建筑是居住的机器"。首层是主要入口、车库、工人间；二层为起居功能空间：起居室、餐厅、厨房、卧室、卫生间、书房；三层是屋顶花园。别墅平面受古希腊神庙布局影响，建筑基数面积取20m×22.5m的模数，底层由25根间距为4.75m的柱网支撑，如图9-18所示。

平面布局中一层处于完全封闭的室内，解决了车库、起居室的功能。从室内坡道通向的二层平面，平面上阶梯形的铆合，一半作为私人空间使用，如卧室、洗手间；另一半为公共空间，如起居室。三层为别墅的顶层平面，起到连接室内外空间的作用，留有不规则形状的"天井"，对二层的采光和通风起到很大的作用。

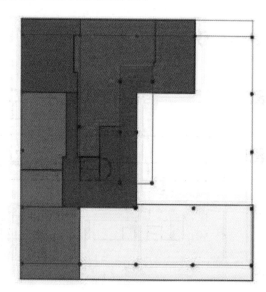

私人空间

公共空间

图9-18 萨伏伊别墅平面分析

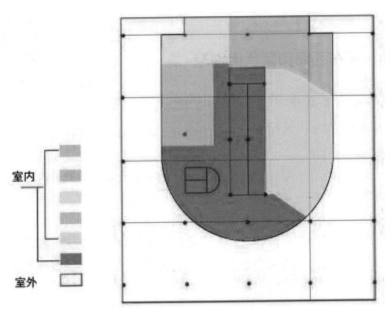

室内

室外

图9-18　萨伏伊别墅平面分析（续）

3.立面形体与结构

　　萨伏伊别墅宅基为矩形，长约22.5m，宽为20m，共三层。轮廓简单，像一个白色的方盒子被细柱支起。别墅中采用12°基准线的理性设计和平面布局，也决定着建筑立面的窗、门的分割，是控制楼层和建筑重要节点的划分原则，如对中央坡道的坡度控制、条形窗的位置、窗格的大小、行车道的宽度等，如图9-19所示。基准线运用在外立面上，并按照黄金分割比例设计，使建筑局部与整体关系统一。水平长窗平阔舒展，外墙光洁，无任何装饰，但光影变化丰富。别墅虽然外形简单，但内部空间复杂，如同一个内部精巧镂空的几何体，又好像一架复杂的机器。采用了钢筋混凝土框架结构，平面和空间布局自由，空间相互穿插，内外彼此贯通。建筑整体外观轻巧，空间通透，装修简洁，与造型沉重、空间封闭、装修烦琐的古典豪宅形成了强烈对比。

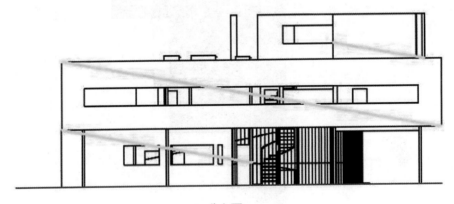

北立面

图9-19　萨伏伊别墅设计图纸

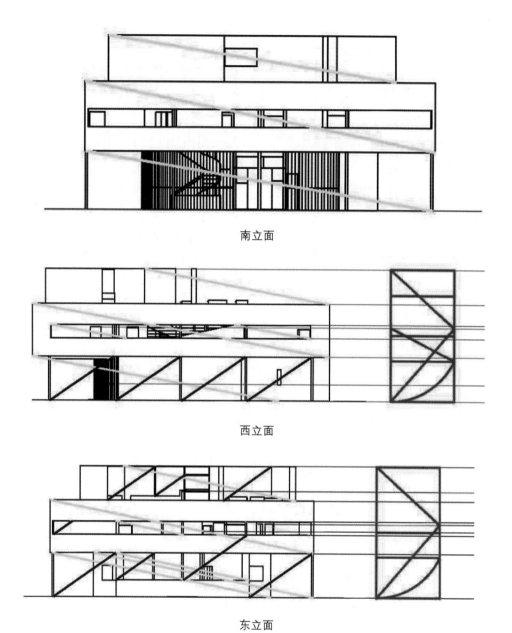

南立面

西立面

东立面

图9-19　萨伏伊别墅设计图纸（续）

4. 建筑的流线

别墅的内部空间设计从传统的静态空间，逐渐发展到现代建筑的动态空间，即按照"空间—时间"的概念，在传统三维空间上增添了人在其中连续位移而产生的时间因素，使建筑空间表现出更多的自由、变化和丰富。别墅采用开放式的室内空间设计，动态的、非传统的空间组织形式，如使用螺旋形的楼梯和坡道来组织空间。坡道的使用，改变了传统建筑竖向空间的体验。沿着中央坡道向上走，从底层入口到二层，通过坡道感受空间逐步展开，光线越发明亮，空间也变得透明，如图9-20所示。

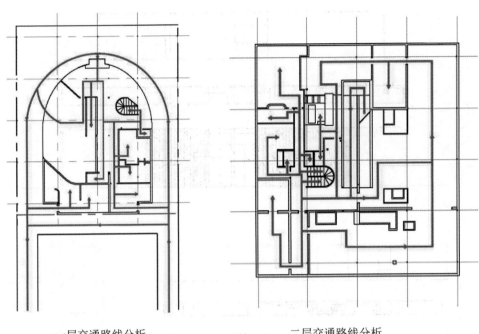

一层交通路线分析　　　　　　　　　　二层交通路线分析

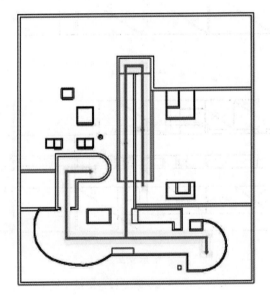

三层交通路线分析

图9-20　萨伏伊别墅一、二、三层交通路线分析图

9.2.2　弗兰克赖特和流水别墅

　　劳埃德·弗兰克赖特是美国著名建筑师，其设计的建筑作品独特、富有自然特色，对现代建筑设计产生了非常大的影响，建筑空间灵活多样，既有内外空间的交融流通，同时又具备安静、隐蔽的特色。建筑材料方面，他注重使用新材料和新结构，并将传统建筑材

料的优势和特点自然地结合起来。赖特对空间序列和建筑流动性有深入的研究，其作品也充分阐述了由实体转向空间，由静态空间到流动和连续空间，再发展到四度序列展开的动态空间，最后达到戏剧性的空间的过程。

1. 建筑师及作品简介

劳埃德·弗兰克赖特（1867年6月8日—1959年4月9日）从事建筑设计70多年，对20世纪建筑和艺术的革新做出了重要贡献。其作品关注自然和自然材料，使建筑和自然融为一体，代表作品为流水别墅。赖特对于建筑工业化不感兴趣，他一生中设计的最多的建筑类型是别墅和小住宅。"草原住宅"是由赖特在当时的建筑时代独创的一种住宅建筑风格。

流水别墅是"在山溪旁的一个峭壁的延伸，生存空间靠着几层平台而凌空在溪水之上"，赖特为别墅取名为"流水"。别墅坐落在流水与宾夕法尼亚的岩崖之中，雄伟的外部空间使别墅更为完美，自然与人类悠然共存，呈现了天人合一的最高境界，建筑与溪水、树木自然地结合在一起，就像是从地下生长出来的，如图9-21所示。

图9-21　流水别墅

2. 建筑的功能组织

流水别墅共三层，面积约为380m²。每一层都如同一个钢筋混凝土的托盘，支承在墙和柱墩之上，一边与山石连接，其余边均悬伸在空中。别墅各层有的地方围以石墙，有的地方是大玻璃窗，有的地方封闭如石洞，有的地方开敞明亮，如图9-22所示。

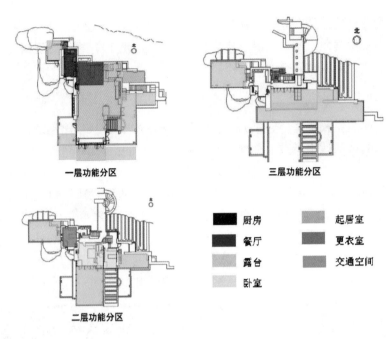

一层功能分区　　　　三层功能分区

二层功能分区

■	厨房		起居室
■	餐厅		更衣室
	露台		交通空间
	卧室		

图9-22　流水别墅一、二、三层功能分区

3. 建筑形体及结构

流水别墅外形强调块体组合，使建筑带有明显的雕塑感。建筑所有的支柱都是粗犷的岩石，岩石的水平性与支柱的竖直性产生一种明的对抗。所有混凝土的水平构件，看来犹如贯穿空间，飞腾跃起，赋予了建筑最高的动感与张力。例外的是地坪使用的岩石，似乎出奇地沉重，尤以悬挑的阳台为最。两层巨大的阳台高低错落，一层阳台向左右延伸，二层阳台向前方挑出，几片高耸的片石墙交错穿插在阳台之间，溪水由阳台下怡然流出。水平的杏黄色钢筋混凝土挑板，与从自然中生长出来的毛石墙面对立，象征自由；条形的玻璃窗削弱了墙的概念，在外伸的巨大悬臂阳台下形成阴影，造成参观者视觉上的偏差，认为建筑的中心外移，溪水像是从建筑内部喷涌而出；挑板产生台阶式建筑露台空间，享受阳光普照与纯净的天空。

4. 建筑流线

别墅流线组织与赖特其他作品的特色一样，运用明显的空间对比，先通过一段狭小而昏暗的有顶盖的门廊，来到巨大的起居室空间，然后进入反方向的主楼梯空间，透过那些粗犷而透孔的石壁，右手边是交通空间，左手边进入起居的二层踏步，如图9-23所示。

赖特对自然光线的巧妙掌握，使别墅内部空间仿佛充满了盎然生机，光线流动于起居的东、南、西三侧，最明亮的部分光线从天窗泻下，一直通往建筑物下方溪流的楼梯；从北侧及山崖反射进来的光线和反射在楼梯的光线显得朦胧柔美。

5. 建筑立面分析

走近别墅，无数在视觉上引起兴趣的形状会渐次出现——从整体的叠加式框架到具有相似几何形体的门窗洞口，再细化到工艺美术式的构件及墙面装饰，均具有不同比例或距离，如图9-24所示。

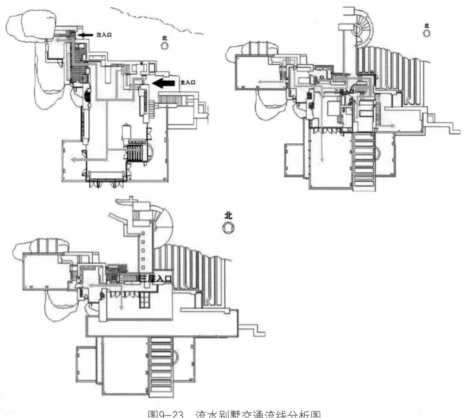

图9-23　流水别墅交通流线分析图

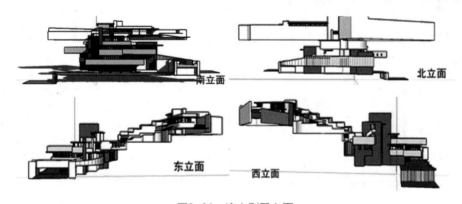

图9-24　流水别墅立面

9.2.3　密斯和巴塞罗那德国馆

1．建筑师及作品简介

路德维希·密斯·范德罗1886生于年德国亚琛古城，他是20世纪中期世界上最著名的四位现代建筑大师之一。密斯在建筑上最大的成就在于建立了"钢"建筑的新语言，并深入到了建立起钢建筑体系的深度。在他的绝大部分作品中，钢结构和大片玻璃墙的表现都是最精彩的亮点。他提倡忠实于结构和材料，特别强调简洁严谨的细部处理。

密斯设计的西班牙巴塞罗那国际博览会中的德国馆建于1929年，占地1250平方米。其建造目的是显示这座建筑物本身所体现的一种新的建筑空间效果和处理手法。博览会结束时拆除，后为纪念这一作品所开创的历史，巴塞罗那德国馆于1996年原址重建。该建筑中完全体现了密斯在1928年所提出的"少就是多"的建筑处理原则，建筑本身就是展品的主体。

2．建筑平面及功能组织

德国馆所占地段长约50m，宽约25m。整个建筑立在一片不高的基座上面，其中包括了一个主厅，两间附属用房，两片水池和几道围墙。特殊的是这个展览建筑除了建筑本身和几处桌椅外，没有其他陈列品。主厅部分有8根十字形的钢柱，上面顶着一块薄薄的、简单的屋顶，长25m左右，宽14m左右；隔墙材料有玻璃和大理石两种，墙的位置灵活、偶然、纵横交错，有的延伸出去成为院墙，由此形成了一些既分隔又连通的半封闭半开敞的空间。室内各部分之间，室内外相互穿插，没有明确的分界，是现代建筑中常用的流动空间的一个典型。

建筑平面的确定有以下三个方面的考虑。

（1）风格派的抽象形式理念，板片布置随意，可滑移，如图9-25所示。

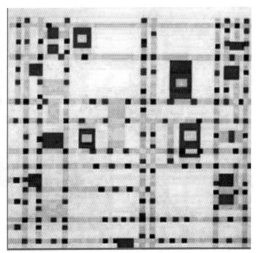

蒙德里安的风格派作品

图9-25　风格派画作

（2）网格的介入限定了随意的形式化抽象元素的构建。

将1×1见方的网格作为基本单位，东西向52个网格，南北向22个网格。其中大水池占20×9个网格，而小水池则占有11×4个网格，如图9-26所示。

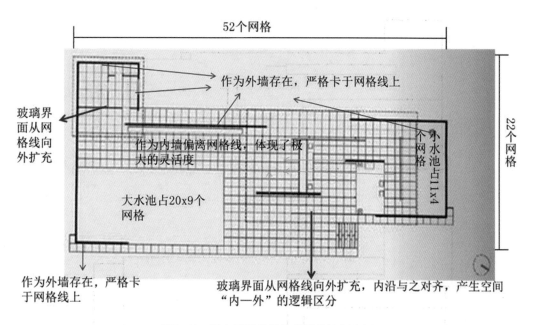

图9-26　巴塞罗那德国馆的网格控制分析

外围墙体或玻璃严格卡于网格线上并向外扩充—定义出外墙概念并划分了内外空间—内部四面墙体均与格线偏移。

（3）平面组织和墙体布局纳入理性的控制范围之内，但仍存在抽象形式和理性布局的矛盾，如图9-27、图9-28所示。

从平面布局图中可以看出平面中的墙以一种非常自由方式相互垂直布局，墙与墙之间相互独立，看似缺乏一定的联系，但实际上L型、I型、T型墙之间相互穿插，形成空间的相互流动性，正是密斯所追求的"流动空间"。

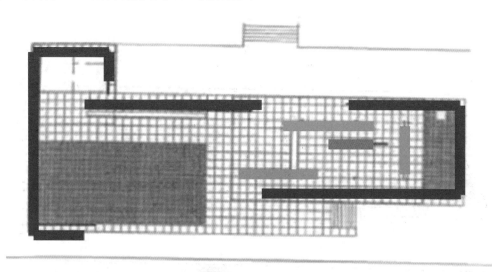

图9-27　平面组织分析图

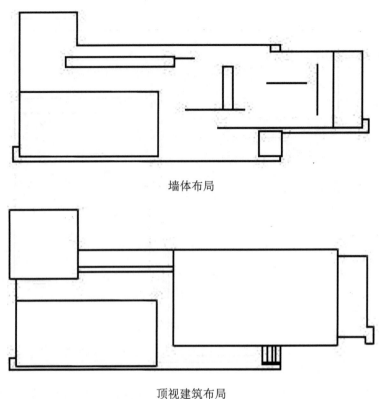

墙体布局

顶视建筑布局

图9-28 平面布局图

3.建筑形体与结构

展馆体形简单，没有附加装饰，突出建筑材料本身固有的颜色、纹理和质感，建筑用料非常讲究，如图9-29所示。地面用灰色的大理石，墙面用绿色的大理石，主厅内部一片独立的隔墙特别选用华丽的白玛瑙石。玻璃隔墙有灰色、绿色，这些不同颜色的大理石、玻璃再加上镀克罗米的柱子，使这座建筑具有高贵、雅致和鲜亮的气氛。

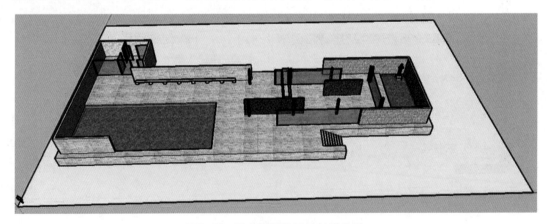

图9-29 巴塞罗那德国馆材质分析

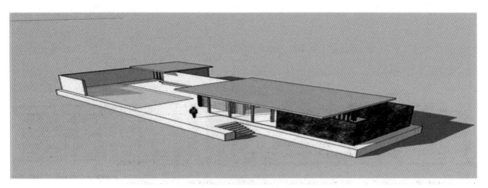

图9-29 巴塞罗那德国馆材质分析（续）

　　该建筑突破了传统砖石承重结构必然造成的封闭、孤立的室内空间形式，采取一种开放的、连绵不断的空间划分方式。墙壁自由布置，形成一些既分隔又连通的空间，互相连接，以引导人流，使人在行进中感受到丰富的空间变化，如图9-30所示。

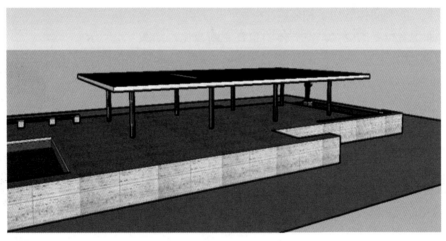

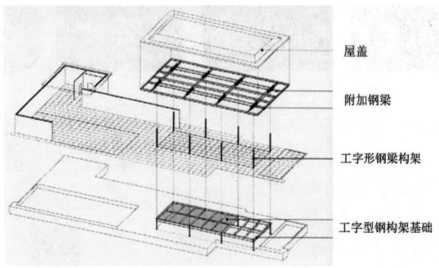

屋盖

附加钢梁

工字形钢梁构架

工字型钢构架基础

图9-30 建筑形体与结构分析

4. 建筑立面

从立面中可以看到垂直面的分割也运用了相似于平面的比例，主要玻璃墙面为1：3，灰华岩、大理石墙面为1：2，玛瑙石墙面接近1：3，如图9-31所示。

图9-31　南立面图

5. 建筑的流线分析

空间的通透性使得游客在每一个转折点处都有很多个选择，不同的选择丰富了游览的路线，每个人的空间体验均不相同。

随着来访者位置的变化，空间体验也在不断变化，如图9-32所示。

图9-32　空间体验

拓展知识9-4：大师及经典作品选择参考

大师及经典作品
选择参考.docx

建筑师及作品
索引.pdf

拓展知识9-5：建筑师及作品索引

拓展知识9-6：大师如何与甲方相爱相杀的

大师如何与甲方相爱相杀的.docx

9.3　经典园林分析

具体内容见下方二维码。

经典园林分析.pdf

思考题

1．简述现代建筑设计的主要流派有哪些？其各自的设计思想主张是什么？代表作有哪些？

2．萨伏伊别墅体现了现代建筑的哪些要点？

3．简述颐和园的空间布局特点。

4．简述拙政园的理水特点。

5．简述凡尔赛宫苑与中国园林的异同。

实训作业（扫码）

实训作业.docx

第10章
小建筑及园林设计

【学习要点及目标】

◎ 理解建筑设计的分析方法

◎ 掌握小型建筑设计的方案生成步骤

◎ 理解园林设计的分析方法

◎ 掌握小型园林设计的方案生成步骤

【本章导读】

设计是把一种设想通过合理的规划、周密的计划，通过各种方式表达出来的过程。本章引导学生了解建筑及园林设计的前期工作，对场地及项目进行多角度分析，包括功能分析、交通分析、日照分析、植物分析等，并从分析结果推导出设计方案。通过优秀小型建筑及园林设计的案例学习，使学生进一步掌握建筑及园林设计的基本手法，并进行综合表达。系统带领学生对设计全过程进行观察，希望能对小设计师们的学习提供一些新的视野。

第10章小建筑及园林设计具体内容见下方二维码。

建筑设计.pdf

实训作业（扫码）

实训作业.docx

参考文献

[1] 田学哲，郭逊．建筑初步（第四版）[M]．北京：中国建筑工业出版社，2019.

[2] 东南大学建筑学院．东南大学建筑学院建筑系一年级设计教学研究 [M]．北京：中国建筑工业出版社，2007.

[3] 朱德本，朱琦．建筑初步新教程（第二版）[M]．上海：同济大学出版社，2010.

[4] 克里斯蒂安·根斯希特．创意工具——建筑设计初步 [M]．马琴，万志斌译．北京：中国建筑工业出版社，2011.

[5] 田庆云，胡新辉，程雪松．建筑设计基础 [M]．上海：上海人民美术出版社，2006.

[6] 傅祎，黄源．建筑的开始——小型建筑设计课程（第二版）[M]．北京：中国建筑工业出版社，2011.

[7] 中央美术学院建筑学院．2007 中央美术学院建筑学院优秀学生作品集 [M]．北京：中国建筑工业出版社，2007.

[8] 小林克弘．建筑构成手法 [M]．陈志华，王小盾译，许东亮校．北京：中国建筑工业出版社，2004.

[9] 黄源．建筑设计初步与教学实例 [M]．北京：中国建筑工业出版社，2007.

[10] [英]Derek Osbourn．建筑导论 [M]．任宏，向鹏成译．重庆：重庆大学出版社，2008.

[11] 许超，黄丹．立体构成 [M]．长沙：湖南美术出版社，2002.

[12] 浙江大学建筑系二年级教学组．建筑设计进阶教程——设计初步 [M]．北京：中国电力出版社，2011.

[13] 包海滨等．建筑设计基础教程 [M]．上海：上海人民美术出版社，2008.

[14] 元萌，应小宇．建筑设计Ⅰ [M]．杭州：浙江大学出版社，2009.

[15] 龚静，高卿．建筑初步（第 2 版）[M]．北京：机械工业出版社，2015.

[16] 本书编委会，中国建筑工业出版社．全国著名高校建筑系学生优秀作品选 [M]．北京：中国建筑工业出版社，1999.

[17] 同济大学建筑系建筑设计基础教研室．建筑形态设计基础 [M]．北京：中国建筑工业出版社，1981.

[18] 翟幼林．设计基础——空间设计初步 [M]．北京：人民美术出版社，2011.

[19] 陈楠．平面构成 [M]．石家庄：河北美术出版社，2002.

[20] 蓝先林．造型设计基础——平面构成 [M]．北京：中国轻工业出版社，2008.

[21] 贾倍思．型和现代主义 [M]．北京：中国建筑工业出版社，2003.

[22] 陈芬霞．设计意识——建筑的物态操作 [M]．天津：天津人民出版社，1996.

[23] 顾大庆，柏庭卫．建筑设计入门 [M]．北京：中国建筑工业出版社，2010.

[24] 顾大庆，柏庭卫．空间、建构与设计 [M]．北京：中国建筑工业出版社，2011.

[25] 爱德华·艾伦．建筑初步 [M]．冯刚，汪江华译．南京：江苏科学技术出版社，2020.

[26] 崔艳秋，姜丽荣，吕树俭等．建筑概论（第三版）[M]．北京：中国建筑工业出版社，2016.

[27] 石宏义，刘毅娟．园林设计初步 [M]．北京：中国林业出版社，2018.

[28] 建筑设计资料集编委会．建筑设计资料集 [M]．北京：中国建筑工业出版社，2017.

[29] 何力．历史建筑测绘 [M]．北京：中国电力出版社，2010.

[30] 王其亨．古建筑测绘 [M]．北京：中国建筑工业出版社，2007.

[31] 杨秉德．数字化建筑测绘方法 [M]．北京：中国建筑工业出版社，2011.

[32] 王小红．大师作品分析（第 2 版）[M]．北京：中国建筑工业出版社，2008.

[33] 沃尔夫冈·科诺，马丁·黑辛格尔．建筑模型制作——模型思路的激发 [M]．刘华岳译．大连：大连理工大学出版社，2007.

[34] 澳大利亚 Images 出版集团．埃森曼建筑师事务所 [M]．北京：中国建筑工业出版社，2005.

[35] 弗兰克·惠特福德等 . 包豪斯：大师和学生们 [M]. 成都：四川美术出版社，2009.

[36] 郁有西，韩超，刘木森 . 建筑模型设计（第二版）[M]. 北京：轻工业出版社，2020.

[37] 岳华，马怡红 . 建筑设计入门 [M]. 上海：上海交通大学出版社，2014.

[38] 彭一刚 . 建筑空间组合论 [M]. 北京：中国建筑工业出版社，2008.

[39] 程大锦（Francis D.K.Ching）. 建筑：形式、空间和秩序 [M]. 刘丛红译 . 天津：天津大学出版社，2020.

[40] 亓萌，田轶威 . 建筑设计基础 [M]. 杭州：浙江大学出版社，2009.

[41] 刘剀，万谦主 . 建筑设计学生作品集（华中科技大学一年级学生设计作品）[M]. 武汉：华中科技大学出版社，2007.

[42] 田学哲，俞靖芝，郭逊，卢向东 . 形态构成解析 [M]. 北京：中国建筑工业出版社，2005.

[43] 金广君 . 图解城市设计 [M]. 北京：中国建筑工业出版社，2010.

[44] 黎志涛 . 建筑设计方法 [M]. 北京：中国建筑工业出版社，2010.

[45] 王晓俊 . 风景园林设计（第三版）[M]. 南京：江苏科学技术出版社，1999.

[46] 诺曼 .K. 布思 . 风景园林设计要素 [M]. 北京：中国林业出版社，2018.

[47] 谷康 . 园林设计初步 [M]. 南京 : 东南大学出版社，2003.

[48] 王时刚 . 建筑钢笔画 [M]. 北京：中国水利水电出版社，2001.

[49] 大卫·里维斯 . 铅笔画技法 [M]. 北京：中国建筑工业出版社，1997.

[50] 邱建等 . 景观设计初步 [M]. 北京：中国建筑工业出版社，2010.

[51] 丁山，曹磊 . 景观艺术设计 [M]. 北京：中国林业出版社，2011.

[52] 顾馥保，等 . 现代景观设计学 [M]. 武汉：华中科技大学出版社，2010.

[53] 陈新生 . 建筑钢笔表现（第三版）[M]. 上海：同济大学出版社，2005.

[54] 裴爱群 . 室内设计实用手绘教学示范 [M]. 大连：大连理工大学出版社，2009.

[55] 李明同，杨明 . 建筑钢笔手绘表现技法 [M]. 沈阳：辽宁美术出版社，2010.

[56]（美）克拉克，（美）波斯 . 世界建筑大师名作图析（原著第四版）[M]. 卢健松，包志禹译 . 北京：中国建筑工业出版社，2016.

[57] W. 博奥席耶，O. 斯通诺霍（瑞士）. 勒·柯布西耶全集（第一卷 1910—1929）[M]. 牛燕芳，程超译 . 北京：中国建筑工业出版社，2017.

[58] 童寯 . 园论 [M]. 天津：百花文艺出版社，2006

[59] 计成原著（明）. 陈植注释 . 园冶注释 [M]. 北京：中国建筑工业出版社，2017.

[60] 彭一刚 . 中国古典园林分析 [M]. 北京：中国建筑工业出版社，1986.

[61] 周维全 . 中国古典园林史（第三版）[M]. 北京：清华大学出版社，2008.

[62] 程新宇，柴宗刚 . 建筑设计初步 [M]. 北京：清华大学出版社，2018.

[63] 吕元，赵睿，等 . 建筑设计初步 [M]. 北京：机械工业出版社，2016.

[64] 袁牧 . 建筑第一课——建筑学新生专业入门指南 [M]. 北京：中国建筑工业出版社，2011.

[65] 刘尔明，羿风 . 中国当代著名建筑师作品选 [M]. 北京：中国计划出版社，1999.

[66] 浦欣成，贺勇，裘知 . 概念的探寻与情境的预设——立方体生活空间设计教学笔记 [J]. 新建筑，2013(04).

[67] 张彧，张嵩，杨靖 . 空间中的杆件、板片、盒子——东南大学建筑设计基础教学探讨 [J]. 新建筑，2011(04).